KB215474

물리로 이루어진 세상

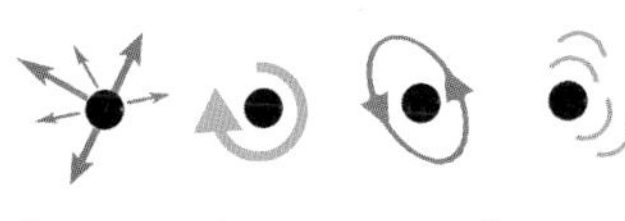

Le monde a ses raisons

LE MONDE A SES RAISONS

by Jean-Michel Courty & Édouard Kierlik

물리로 이루어진 세상

초판 1쇄 발행일 2008년 5월 20일 **초판 2쇄 발행일** 2011년 12월 15일

지은이 장미셸 코르티 · 에두아르 키에를릭 | **옮긴이** 안수연 | **감수** 박인규
펴낸이 박재환 | **편집** 유은재 이정아 | **관리** 조영란
펴낸곳 에코리브르 | **주소** 서울시 마포구 서교동 468-15 3층(121-842) | **전화** 702-2530 | **팩스** 702-2532
이메일 ecolivres@hanmail.net | **출판등록** 2001년 5월 7일 제10-2147호
종이 세종페이퍼 | **인쇄** 상지사 진주문화사 | **제본** 상지사

ISBN 978-89-90048-99-8 03420

책값은 뒤표지에 있습니다. 잘못된 책은 구입한 곳에서 바꿔드립니다.

물리로 이루어진 세상

장미셸 코르티 · 에두아르 키에를릭 지음

안수연 옮김 | 박인규 감수

에코리브르

서문

모래성을 짓기 위해 왜 젖은 모래를 사용해야 할까? 열대 지방에 사는 사람들, 예를 들어 베두인족은 왜 밝은 색 대신 검은색 옷을 입을까? 공항의 보안용 금속 탐지 장치는 어떻게 작동하며, 어떤 유형의 방사선을 이용하는 걸까? 돌멩이는 어떻게 물 위에서 튀어 오르는 걸까? 일상생활에서 흔히 마주하는 여러 현상들 앞에서 이런 질문을 던져보지 않은 사람이 있을까? 두 물리학자 장미셸 코르티와 에두아르 키에를릭이 함께 지은 이 책의 제목처럼 '세상은 물리로 이루어져' 있으며, 만물의 이치를 밝힘으로써 이런 다양한 현상을 이해할 수 있다.

이처럼 우리는 물리학을 통해 만물을 이해하고 깨달아간다. 일상의 여러 현상과 연구실에서 이루어지는 첨단 실험을 관장하는 이치는 별로 다르지 않다. 이 책의 미덕은 광범위한 일반 독자들에게 아주 구체적인 예를 들어가며 과학, 특히 물리학이 어떻게 우리를 둘러싼 세상에 의미를 부여하는지를 몇몇 개념과 기본 법칙을 이용해 보여준다는 것이다.

만물의 이치에 가치의 경중을 따질 수는 없다. 두 저자는 특정 주제에 치우치지 않고 위아래가 뒤바뀐 추나 파울의 트랩처럼 까다로운 주제는 물론, 보조보조(160쪽 참조) 같은 가볍고 흥미로운 내용도 함께 다룬다. 또한 테라헤르츠파나 음향 솔리톤 같은 최근의 연구 성과를 소개할 뿐만 아니라, 전통적으로 다루어온 문제들을 과감히 재해석하면서 새로운 예로 설명하고 있다. 다루는 주제가 진지하든 가볍든, 어떠한 경우에도 두 저자는 한결같이 엄정하고 명료한 접근 태도를 잃지 않는다.

나는 이 책이 과학에 호기심을 가진 사람, 학생과 교사를 비롯해 아주 많은 독자들에게 사랑받고 큰 성공을 거두리라 확신한다. 분명 교사들은 이 책을 통해 새로운 교육안을 즐거이 구상할 것이다. 물리학에 대한 관심을 전심전력으로 북돋고 다방면에서 과학적 사고의 위력을 더욱 쉽게 역설해준 두 저자의 노고에 아낌없는 박수를 보낸다.

클로드 코엔타누지(1997년 노벨 물리학상 수상자)

차례

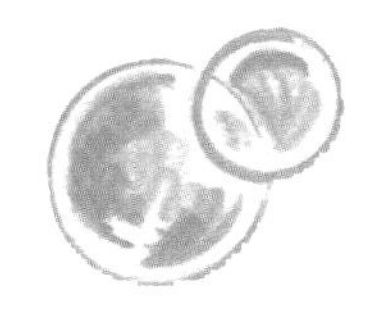

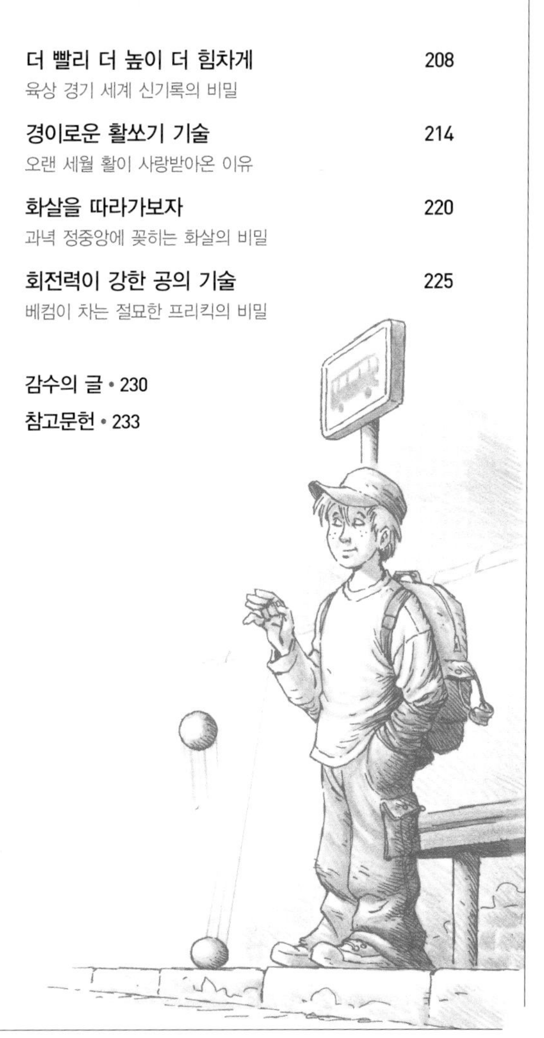

눈꽃

육각형 눈 결정과 여전히 풀리지 않는 눈의 신비

눈송이의 형태는
물 분자의 대칭 구조와
낙하하는 동안의
기상 조건에 따라 결정된다.

이 구름이 지나간 후에 또 다른 구름이 나타나서 그저 자그마한 장미 여러 송이, 아니 끝이 둥그스름한 톱니 여섯 개가 달린 바퀴를 만들어냈는데…….

–르네 데카르트, 《기상학》(1637)

눈송이는 그 형태가 작은 판 모양이든 별 모양이든 커프스 단추 모양이든 가늘고 긴 면 모양이든 제각기 유일무이하다. 이렇게 독특한 속성을 보이는 눈송이에 대해 여러 학자들이 호기심을 가졌다. 맨 처음 그 사실에 놀라움을 나타낸 사람은 요하네스 케플러와 르네 데카르트였는데, 일찍이 데카르트는 눈송이를 '얼음 뭉치'라고 표현했다. 오늘날 물리학자들은 얼음 결정인 눈송이가 어떤 메커니즘에 따라 성장하는지 잘 알고 있다. 이제부터 그 메커니즘을 알아보기 위해 형성 단계에서 성숙 단계까지 눈 결정의 성장 과정을 따라가볼 것이다. 그러면 놀랍도록 다양한 눈송이의 구조를 이해하게 되고, 어떻게 내부 곳곳에서 60도 또는 120도의 각도가 형성되는지 파악할 수 있을 것이다.

눈송이가 탄생하려면 세 가지 지원 요소가 필요하다. 수증기와 기온 그리고 먼지다. 먼저 수증기가 응결될 수 있도록 대기중에 수증기 농도가 충분해야 한다. 수증기는 대기중의 최소 농도, 즉 포화 상태에서 기온이 섭씨 0도 이하로 내려갈 때 얼음 형태로 응결된다. 포화 상태는 기온에 좌우되어 섭씨 0도일 때 1세제곱미터당 5그램이면 포화 상태에 이르지만, 섭씨 영하 18도에서는 1세제곱미터당 1그램만으로도 포화 상태에 도달한다. 마지막으로 먼지도 필요하다. 결정은 씨앗 하나에서 성장하기 시작하는데, 어떤 때는 먼지가 그 씨앗이 되고 또 어떤 때는 미세한 얼음 결정, 즉 빙정(氷晶)이 그 씨앗이 되기도 한다. 대기가 아주 깨끗할 경우, 그런 미세한 결정은 쉽사리 형성되지 않는다. 수증기 농도가 포화도를 네 배나 초과한 상태에서는 얼음 결정이 전혀 만들어지지 않을 수도 있다. 그렇지만 과포화 상태에서는 물 분자들 간의 충돌로 제법 부피가 나가는 결집체가 형성되며, 이 결집체를 토대로 눈 결정이 성장한다. 눈구름 속에서 수증기가 그만큼 농축되는 경우는 드물다. 그래서 대개 얼음은 대기중에 있는 먼지의 표면에서 성장하기 시작하는 것이다. 성탄절마다 우리가 손꼽아 기다리는 함박눈은 본래 대기 먼지가 걸친 얼음 옷 때문에 하는 수 없이 비처럼 떨어지는 것이다!

대기의 씨앗들

이러한 대기의 먼지는 이를테면 운모로 되어 있거나 점토 성분이다. 그런 입자들은 표면의 산소 원자들이 얼음 구조와 비슷하게 배열되어 있어서 아주 훌륭한 '성장의 씨앗'이 된다. 먼지는 크기가 클수록 더 활발히 움직이며, 100분의 1밀리미터 크기의 입자는 포화 상태에 이르면 그때부터 얼음으로 뒤덮인다. 한편 해발 4000미터 이상에서 발견되는 아주 미세한 입자는 대기가 확실히 과포화 상태에 이를 경우에만 '씨앗'으로 쓰인다.

성장 초기에 얼음 결정의 크기는 100분의 1밀리미터 정도이며, 분자 차원에서 그 표면이 매우 불규칙하긴 해도 결정의 형태는 구형에 가깝다. 성장이 계속되면서 울퉁불퉁한 표면은 재빨리 매끈해진다. 물 분자들은 특히 서로 결합 관계를 가장 많이 맺을 수 있는 곳, 즉 움푹 파인 곳을 선호해 자리를 잡기 때문이다. 성장하면서 서서히 결정면들이 생겨나고, 결정면의 표면과 방향에 따라 규칙적인 대칭 형태가 갖춰진다. 물 분자는 어떤 원리로 이런 놀라운 행태를 띠는 것일까? 대기압 상온에서 물 분자는 제각기 이웃한 물 분자 네 개에 의해 형성된 사면체의 중심에 위치해 있고, 얼음 결정은 육각형 대칭 구조를 띤다(사면체를 '위에서' 바라보면 이러한 기하학을 이해할 수 있다. 이때 그것은 여러 개의 정삼각형 꼴로 나타나며, 서로 연결되어 육각형을 형성하는 것이다). 성장 결과 만들어진 결정체는 육각기둥으로, 기둥의 윗면과 아랫면은 육각형이고(그래서 120도와 60도의 각도가 나오는 것이다) 옆면은 직사각형이다. 초기 결정체의 크기는 약 5분의 1밀리미터이며, 다른 형태로 성장한 결정체의 내부 구조도 육각형이다.

다음 성장 단계에서는 얼음 표면의 성질이 아주 중요한 구실을 한다. 얼음 표면을 구성하는 분자들은 거의 액체 상태나 다름없고 무질서한 층을 형성한다. 이 층을 현미경으로 자세히 관찰하면 결정면들의 구조에 관한 단서를 발견할 수 있다. 그 층이 '윤활제' 구실을 해 얼음을 미끌미끌하게 만드는 것으로 보인다. 눈뭉치를 만들 때 그런 층이 매개 역할을 함으로써 눈송이들이 서로 달라붙는 것이다. 그렇지만 날씨가 아주 추운 날에는 스케이트를 타거나 눈을 공처럼 뭉치기가 매우 어렵다. 이러한 사실로 날씨가 너무 추울 때는 액체에 가까운 표면층이 존재하지 않는다는 것을 알 수 있다. 이 층은 섭씨 영하 12도쯤에서 하나의 분자처럼 강력하며, 온도가 상승할 때 아주 빨리 두꺼워진다. 그리고 섭씨 0도가량에서 결정체의 중심을 관통해 얼음이 물로 바뀐다. 결정의 표면이 액체나 다름없어 그 위에 놓이는 분자들은 최적의 장소(움푹 파인 곳!)까지 이동한 다음 자리를 잡을 수 있다. 이러한 확산 과정은 온도에 따라 속도 차이를 보이며, 이 과정이 눈송이의 형태에 영향을 미친다.

성장 과정에 따라 모양이 결정된다

그렇게 해서 그 전까지 모두 똑같았던 눈송이들은 기상 조건에 따라 다양한 형태를 띤다. 주된 성장 방식은 세 가지로, 처음 두 가지는 기온에 좌우된다. 기온에 따라 어떤 경우에는 육각형 바닥면이 가장 빨리 자라나고 어떤 경우에는 옆면이 더 빨리 자라난다. 섭씨 영하 10~영하 5도에서 육각형 바닥은 옆면보다 더 많이 성장한다. 예컨대 섭씨 영하 6도에서 바닥의 성장 속도는 옆면의 두 배이며, 이 경우 눈송이는 기둥 모양을 띤다. 반대로 섭씨 영하 5도 이상이나 섭씨 영하 10도 이하에서는 옆면이 육각형 바닥 면보다 더 빨리 성장한다. 이 옆면은 예를 들어 섭씨 영하 13도에서 초속 2000분의 1밀리미터, 다시 말해 바닥 면보다 네 배나 더 빨리 자란다. 성장하는 내내 이 기온이 유지된다면 눈송이는 작은 육각형 판 모양이 된다.

눈송이는 성장 초기 단계에서 육각기둥 형태를 띠다가, 이후 세 가지 방식에 따라 성장한다.

세 번째 성장 방식은 대기의 수분 농도에 좌우된다. 과포화

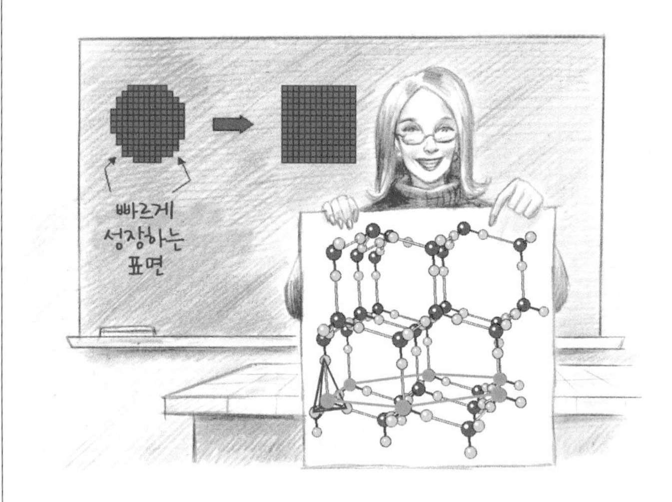

도가 클수록 결정은 더 빨리 성장한다. 성장 속도가 너무 빠르거나 결정이 너무 클 때, 쌓이는 물 분자들은 자리를 잡기 전에 결정 표면에서 이동할 시간이 전혀 없다. 기온이 아주 낮아 액상에 가까운 층이 존재하지 않을 때도 마찬가지다. 물 분자들은 이동하지 못하고 결정면과 마주한 장소 근처에 자리를 잡는다. 어떤 장소에 더 많이 도달할까? 바로 모서리다! 모서리는 성장할수록 더 많이 튀어나오고 더 빨리 자라나기 때문에 이런 양상은 더욱 강화된다. 바로 이러한 메커니즘으로 인해 가지가 여섯 개인 별 모양의 눈송이(데카르트가 말한 '톱니 여섯 개가 달린 바퀴')가 형성된다.

물 분자들은 얼음 내에서 가능한 많이 결합 관계를 만들려 하는데, 그로 인해 결정면이 형성된다.

동일한 메커니즘이 더욱 복잡한 방식으로도 작용한다. 가지들이 더 작은 가지로 하위 분화하면서 다시 톱니 모양이 되고 작은 가지들도 분화하는 식이다. 1964년 미국의 멀린스와 세커카가 이러한 놀라운 분화 과정과 그 규칙성의 원인을 규명했다. 야금술에서 관찰되는 수많은 분화 구조에 관심을 가진 멀린스와 세커카는 지나치게 빨리 성장하는 어떤 평면은 성장 속도가 큰 만큼 간격이 더 좁은 돌기들로 덮여 있다는 사실을 밝혀냈다. 다시 말해 입자들이 표면 쪽으로 빨리 확산되면 서로 일정한 간격으로 떨어져 있는 돌기들의 성장이 촉진된다는 것이다. 따라서 동일한 리듬으로 성장이 계속된다면 규칙적으로 연결된 그 돌기들이 다수가 되어 이내 표면을 덮는다. 눈송이는 성장 속도가 아주 빨라서 새로 뾰족하게 솟은 두 돌기 사이의 길이가 이미 형성된 돌기들의 길이보다 짧을 경우에만 하위 분화한다.

낙하

이제 '얼음 뭉치'인 눈송이의 다양한 형태를 파악했으니 눈송이의 여정을 한번 생각해보자. 춥고 고도가 높은 곳에서 탄생한 눈송이는 성장하는 동안 바람에 실려 간다. 다양한 대기층을 통과하면서 온갖 상황에 부딪힌 눈송이는 점점 더 무거워져 땅에 사뿐히 내려앉는다. 그런 식으로 각 대기층과 대기중의 곳곳을 거치면서 전체 성장 메커니즘이 유리하게 돌아간다. 섭씨 영하 15도에서 구름을 통과하는 육각형 눈송이에는 곧 반짝이는 뾰족한 돌기가 달릴 것이고, 섭씨 영하 2도에서 하층부의 상당히 높은 습도를 만난 눈송이에는 재빨리 돌기 끝에 작고 가느다란 판이 걸릴 것이다.

데카르트 이후 상당한 진전이 이루어졌음에도 눈은 여전히 많은 수수께끼를 간직하고 있다. 눈송이는 거의 언제나 완벽한 대칭을 이룬다. 눈송이가 제아무리 복잡해도 그 가지는 완벽하게 동일하다. 왜 그럴까? 어떤 메커니즘이 전체 결정의 성장을 조정하는 것일까? 각각의 가지가 동일한 여건에서 성장한다는 사실이 그런 놀라운 유사성을 설명하기에 충분한 것일까? 눈송이는 여전히 우리의 호기심을 자극한다.

날씨가 적당히 추우면 눈송이나 얼음 위에는 액체 상태나 다름없는 물이 얇은 층을 이룬다. 그러한 물이 없다면 눈을 공처럼 뭉칠 수 없고, 얼음이 언 물웅덩이에서 미끄럼을 탈 수도 없다.

원형으로 배열된 암석

자연이 만든 '스톤헨지'의 비밀

결빙-해빙 주기에 따라 지표면에 암석 구조물이 형성된다.

북극 지방에서 한파가 지표면의 기복에 미치는 영향은 아주 놀랍다. 결빙으로 수십 미터 높이의 핑고■가 솟아오르고, 암석이 분류되어 몇 백 제곱미터에 걸쳐 규칙적인 형태로 배열된다. 여기에서는 어떤 메커니즘에 따라 이러한 장관이 펼쳐지

■ 핑고: pingo. 북극 지방에 나타나는 기생화산 모양의 얼음 언덕.

는지 살펴볼 것이다.

기온이 섭씨 0도 아래로 떨어질 때 토양은 그 표면부터 얼기 시작하며, 섭씨 0도인 지대는 지표 밑으로 이동한다. '결빙파'라는 이 파는 영하의 기온에서 자신의 위쪽에 여러 층을 남긴다. 결빙파가 지나면서 물이 얼음으로 변할 경우, 토양이 습기를 머금은 만큼 더욱더 많은 층을 남긴다. 얼음이 물보다 밀도가 낮기 때문이다. 결빙이 일어날 때 얼음의 부피는 동일한 압력에서 물의 부피보다 9퍼센트 더 크다.

이때 얼음은 지면의 기복 안에 있는 공기의 자리를 차지하게

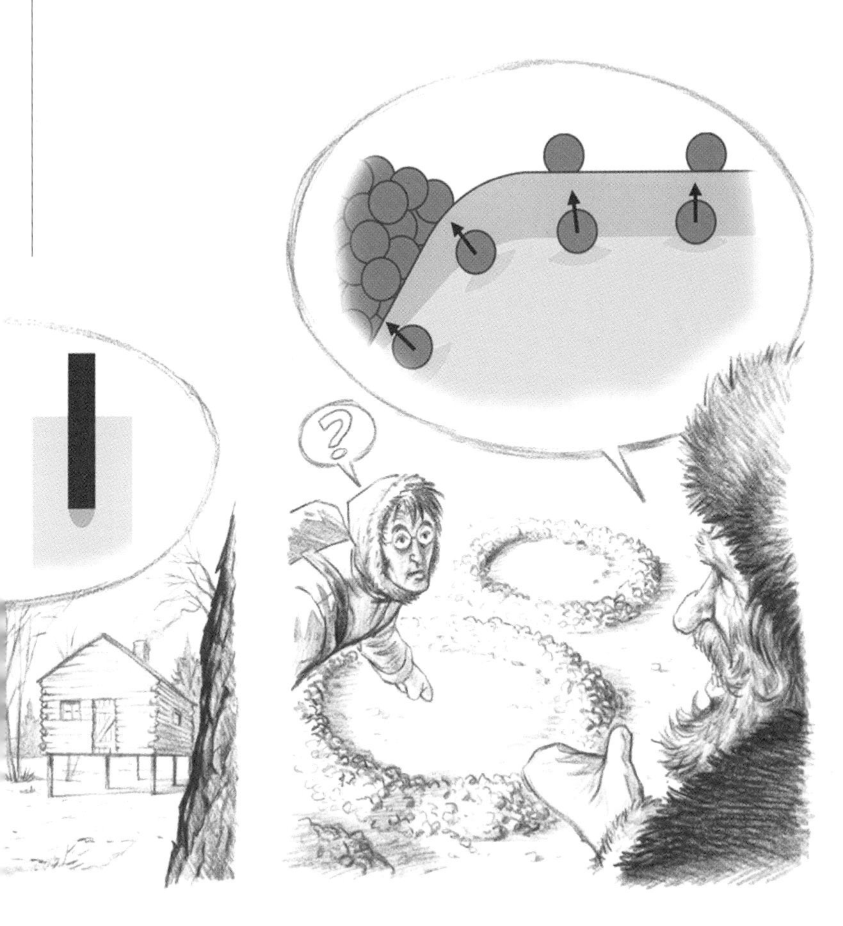

물이 얼 때 부피가 증가하면서 토양 내에 이상 고압이 생겨난다. 결빙 지대(보라색)에서 (물보다 부피가 큰) 얼음이 형성되고, 밖으로 내몰린 물은 토양을 들어올리면서 지표면 쪽으로 올라온다(a). 이 물은 얼면서 렌즈 모양의 얼음(파란색)을 형성하고 '핑고'의 핵을 구성한다. 렌즈 모양의 얼음은 암석 아래나 석주 밑에서도 생겨난다. 암석이나 석주는 열전도율이 매우 높아서 주변 토양보다 온도가 낮기 때문이다. 렌즈 모양의 얼음이 주변의 물을 흡수하고 더 두꺼워지면서 석주를 위로 밀어 올린다(b). 해빙 주기가 돌아왔을 때, 이 석주는 다시 완전히 내려가지 않는다. 쌓인 암석 부근에서(c) 결빙파는 이제 수직이 아니라 사선 방향으로 진행한다. 렌즈 모양의 얼음이 암석을 밀어 올려 암석 더미는 더 커지게 된다.

된다. 만일 그 공간이 부족하면 얼음이 얼면서 아주 강력한 응력이 만들어진다. 물을 일정한 부피로 냉동시키려 할 경우, 압력이 상당히 커져서 부피 증가를 방해하는 것은 모두 밀려나거나 부서지며, 부드러운 토양은 다져지고 압축된다. 부서지기 쉬운 암석은 풍화되고 토양은 가루가 되는 것이다. 다공질 암석이나 틈새에 물이 스며 있는 암석은 부서진다. 그래서 매섭게 추운 날을 '돌이 쪼개질 만큼 얼어붙은 날씨'라고 말하는 것이다.

핑고

토양은 물을 가득 머금으면 부피가 커져 몇 센티미터 융기한다. 알래스카나 시베리아같이 몹시 추운 지역에서는 더욱 놀라운 효과가 나타날 수 있다. 결빙파가 나아가면서 지하 수혈(水穴)과 만나거나 토양이 물을 가득 머금었을 경우, 토양 내에 이상 고압이 발생한다. 국지적으로 형성되는 이러한 이상 고압 상태는 지하 토양 전체로 전달되며, 무르고 두께가 얇은 토양을 들어올린다. 결빙파가 진행하면서 주변의 흙에서 물을 끌어당겨 그 지점에 수혈이 생겨나고 점점 커진다. 그와 동시에 수혈 속에 들어 있는 물이 얼고, 얼음으로 바뀐 물은 부피가 팽창해 언덕을 이룬다. 이것이 바로 '핑고'인데, 에스키모어로 '언덕'을 뜻한다. 핑고는 해가 갈수록 더 커져서 그 높이가 수십 미터에 이르기도 한다. 물 공급이 중단되면 핑고는 줄어든다.

여기서 앞서 말한 메커니즘에 더해 더욱 미묘한 메커니즘, 즉 저온 펌핑(cryopumping)이 작용한다. 얼음이 얼 때, 결빙파 층위에서 토양에 존재하는 물의 양은 감소한다. 마치 여름에 물이 증발하는 경우처럼 토양이 마르는 것이다. 원인이 비슷하면 결과도 비슷하다. 다시 말해 토양의 미세한 구멍들이 충분히 협소하다면 액체 상태의 물은 마른 스펀지처럼 모세관 현상에 의해 심층에서 빨려 올라온다. 그렇지만 증발과는 주요한 차이가 있다. 즉 여름에 증기로 변한 물은 지표면을 벗어나지만 얼음으로 바뀐 물은 언 지점에 머문다. 그래서 습기를 머금은 토양은 얼 때 그 상태가 변한다. 렌즈 모양의 얼음이 점점 커지면서 토양을 들어올리는 한편 수분을 빼앗으며 아래쪽 층들을 눌러 다지는데, 저온 펌핑으로 그 얼음이 더 많이 생겨나게 된다.

원형의 형성

토양에 암석이 섞여 있다면 그러한 렌즈 모양의 얼음이 형성됨으로써 여러 암석이 분류된다. 그 점을 이해하기 위해 암석 앞에서 확산되는 결빙파를 분석해보자. 얼음 1그램을 만들기 위해서는 일반적인 토양 1그램을 1도 낮추는 데 필요한 에너지보다 수백 배나 더 많은 에너지를 물에서 끌어내야 한다. 따라서 결빙파는 (습기를 머금은) 토양에 비해 밖으로 몰아낼 열기가 더 적은 (메마른) 암석 안에서 훨씬 더 빨리 앞으로 나아간다. 암석의 열전도율

이 부드러운 토양의 열전도율보다 크면 클수록 그러한 사실은 더욱더 자명해진다. 예를 들어 화강암은 마른 모래보다 다섯 배 더 많은 열을 전한다. 결빙파가 암석의 윗면에 도달할 경우, 암석 내부의 온도는 부피가 어떻든 간에 거의 즉시 0도로 내려간다. 그동안 결빙파는 거의 내려가지 않는다. 암석 바닥은 0도인데 같은 층위에 있는 토양은 온도가 더 높은 것이다. 그리하여 렌즈 모양의 얼음은 특히 암석 아래에서 형성된다. 이러한 얼음이 저온 펌핑에 의해 주변의 물을 빨아들인다. 주변의 물이 렌즈 모양의 얼음 층위에 다다르면 물이 얼면서 부피가 팽창해 암석을 위로 밀어 올린다. 해빙 때에는 움푹 파인 곳이 물과 잔해로 채워진다. 암석은 다시 내려가지 않는데, 대개 암석의 윗면과 옆면이 여전히 토양에 붙어 있기 때문이다. 그렇게 결빙-해빙 주기마다 암석은 아주 조금씩 들려 올라가 결국 지표면에 도달하게 된다. 이것이 바로 저온 채굴법이나. 연산 결빙일이 충분하다면 위도에 상관없이 이러한 현상이 일어날 수 있다. 하지만 이것은 북극의 기후에서는 아주 중요하다. 만일 그러한 현상에 주의를 기울이지 않는다면, 세월이 흐르면서 땅속에 박아놓은 석주나 묻어놓은 송유관이 겉으로 드러날 수 있다.

암석이 굉장히 많을 경우, 그 결과는 훨씬 더 놀랍다. 먼저 크기에 따라 분류되어 큰 암석들은 표면으로 올라가고 작은 암석들은 아래에 놓인다. 그 다음에는 앞서 설명했듯이 암석이 쌓인 지대를 결빙파가 더 빨리 관통한다. 결빙파는 이제 수평이 아니라 사선 방향으로 진행한다. 결빙파가 암석이 풍부한 지대 주변을 쫓아가는 것이다. 이러한 성향 때문에 렌즈 모양의 얼음은 더 이상 암석과 수직으로 형성되지 않지만 결빙파의 수직선상에 만들어진다. 결빙과 해빙이 되풀이되는 동안, 암석은 그렇게 해서 비스듬히 밀려 올라가고 더 두꺼운 암석 더미를 만든다. 결국 암석 더미는 자체 성장을 해나간다. 결빙기 동안 렌즈 모양의 얼음이 옆면을 압축해 암석 더미는 지면으로 솟아오르게 된다. 암석층이 가장 두꺼운 곳에서 제일 강력한 응력이 작용하므로, 언덕의 꼭대기는 그러한 지점들과 수직을 이룬다. 암석은 표면의 고도 차이로 인해 무너져 내리면서 층이 두꺼운 지대에서 층이 더 얇은 지대로 옮겨간다.

돌무더기층은 조금씩 길어져 흡사 기다란 암맥처럼 바뀐다. 이 암맥은 토양의 성질과 기후에 따라 원형, 다각형, 미로 모양 등을 띤다. 특히 북극 기후에서 발견되는 온갖 유형의 구조물은 산 모양으로 배열된다. 그렇게 분류된 암석의 크기가 수십 센티미터 이상일 경우, 아주 놀라운 결과가 나타난다. 스피츠베르겐의 한대 초원 지대를 찍은 사진(17쪽 참조)에서 볼 수 있듯이 자연에도 고유의 스톤헨지가 있는 것이다.

순물질처럼 액화되거나
응고되는 인공 냉매 덕택에
냉장고는 원활하게 작동한다.
그러한 냉매는 바로
적절한 성분으로 이루어진
혼합물이다.

냉각 혼합물

냉장고에 꼭 필요한 아주 효과적인 냉매

고체에서 액체로 변화(액화)하고 액체에서 기체로 변화(기화)하기 위해서는 열을 흡수해야 한다. 주변 환경에서 '숨어 있는' 열을 빼앗아 그 환경을 냉각시키는 것이다. 이러한 속성을 활용해 냉기를 만들어내고 보존할 때, 상태를 변화시키는 물질은 얻기 쉽고 저렴하고 해롭지 않아야 한다. 게다가 상태를 변화시키는 온도는 냉각 과정에 이용되는 온도에 근접해야 한다. 어떠한 순물질도 이 모든 조건에 부합하지는 않는다. 그래서 냉각 기술자들은 최선의 타협책을 찾아 특별한 이원 혼합물을 만들어냈다. 그것이 바로 공비(共沸)혼합물과 공융(共融)혼합물이다.

냉각 과정에서 냉매는 내부에서 열을 추출해 외부로 내보낸다. 처음에 액체 상태인 냉매는 감압판에서 일부 기화된 다음 증발기에 이르고, 여기서 마침내 완전히 상태가 변화한다. 그렇게 냉매는 내부의 열을 흡수하는 것이다. 압축된 냉매는 뒤이어 높은 압력 상태에서 응축기에 들어가는데, 여기서 자신의 열을 방열기에 넘겨준 후 다시 액체가 된다. 그리고 그 주기가 반복된다.

따라서 냉장고는 냉매의 잠열, 다시 말해 냉매를 기화하는 데 필요한 열량을 활용한다. 암모니아(NH_3)는 1기압 상태일 때 섭씨 영하 33도에서 끓는다. 암모니아 1그램을 기화하는 데 필요한 잠열은 1300줄이며, 이 양은 물리적인 상태가 바뀌지 않은 채 온도가 변할 때 교환되는 '현열'보다 훨씬 더 크다. 그리하여 130줄의 에너지로 기체 상태의 암모니아 1그램의 온도를 60도가량(섭씨 25도에서 섭씨 영하 33도로) 충분히 낮출 수 있다.

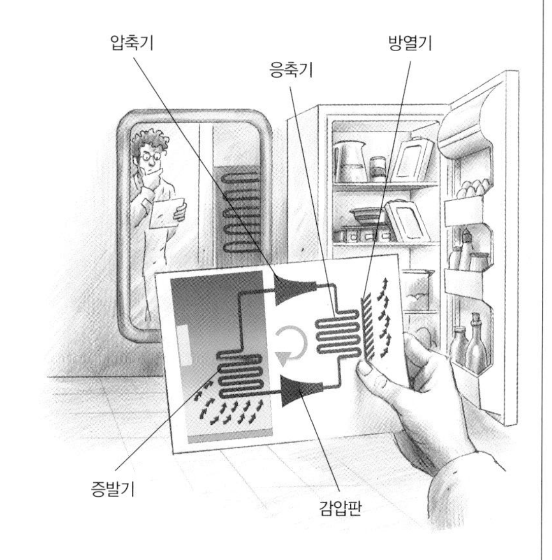

냉장고 안에서 냉매는 내부 열을 흡수해 기화한다. 기체로 변한 냉매는 외부로 전달되어 열을 넘겨준 다음 압축과 응축 과정을 거친다.

순물질인 암모니아는 좋은 냉매를 만들기에 알맞은 물리적 속성을 갖고 있다. 그러나 독성 물질이기 때문에 수많은 장치에서 점차적으로 사용이 금지되었다. 또 다이클로로다이플루오르메탄(CCl_2F_2)은 오존층을 파괴하는 '클로로플루오로카본(CFC, 흔히 프레온 가스라고 한다)'에 속하지 않는다면 이상적인 냉매가 될 것이다. 1989년, CFC의 사용이 금지되자 냉각 기술자들은 대안을 찾아 나섰다. 기술자들은 요구 조건에 부합하는 어떠한 순물질도 발견할 수 없었기 때문에 두 가지 성분의 혼합물 쪽으로 눈길을 돌렸다.

구원군은 바로 증류주 제조업자

이원 혼합물의 기화 현상은, 두 성분의 휘발성이 다르기 때문에 순물질의 경우보다 더 복잡하다. 증류주 제조업자는 그러한 차이를 이용해 '도수 높은 알코올'을 증류한다. 에탄올(알코올!)은 물보다 휘발성이 강하다. 대기압 상태에서 에탄올은 섭씨 100도보다 낮은 섭씨 78.4도에서 끓는다. 그렇기 때문에 끓고 있는 알코올 혼합물에서 나오는 증기, 이를테면 포도주 증기에는 알코올이

알코올이 함유된 과즙을 증류하면 알코올 농도가 더 높은 새로운 혼합물이 만들어진다. 비율이 제대로 맞지 않는 혼합물을 냉각할 때에도 이와 동일한 현상이 일어난다.

아주 풍부하게 들어 있다.

증류주 제조업자는 포도를 수확해 으깬 다음, 몇 주일 동안 그대로 두고 발효시킨다. 그 후에 추출된 즙에는 약 5퍼센트의 에탄올이 함유되어 있는데, 그 증기의 알코올 함유량은 '40퍼센트'에 달한다. 다시 말해 추출액보다 여덟 배나 더 알코올이 풍부한 것이다. 이 비율은 포도즙의 알코올 성분이 줄어들면서 점차 감소한다. 그와 동시에 끓는점은 물과 비슷하게 섭씨 100도 가까이까지 상승한다. 증류가 시작될 때 끓는점은 섭씨 90도이다(포도즙의 알코올 농도는 5퍼센트). 끓는점이 섭씨 95도가 되면 증류주 제조업자는 끓이기를 멈추는데, 증기 중의 알코올 비율이 20퍼센트(포도즙의 알코올 농도는 2.5퍼센트) 아래로 떨어지기 때문이다.

순물질의 모방품, 공비혼합물

증류주 제조업자에게는 더없이 귀중한 이 메커니즘이 냉각 기술자에게는 불편하고 성가시다. 증발기가 증류기처럼 작동해 냉매로 쓰이는 이원 혼합물을 '증류'한다. 이때 이원 혼합물 중 휘발성이 강한 성분은 점점 줄어들게 된다. 순환 과정의 한 지점에서 다른 지점으로 옮겨갈 때 냉매의 구성이 다양하게 변화해 작동 온도가 바뀌게 되는 것이다. 더군다나 적절하지 않은 시점에 가스가 교환되면 일정한 비율의 혼합물은 순환 과정으로 되돌아간다. 그러면 열효율이 떨어진다.

순물질처럼 끓는점이 일정한 이원 혼합물, 이른바 공비혼합물을 사용한다면 이러한 문제를 피할 수 있다. 공비혼합물의 비율은 정확히 정해져 있다. 물과 에탄올 혼합물은 그 좋은 예로, 55도의 알코올을 얻기 위해 증류주 제조업자는 첫 번째 증류에서 얻은 결과물로 두 번째 증류를 실시한다. 제조업자들은 그 정도 도수라면 남성들이 충분히 술로 마실 수 있다고 생각하며 대개 그 단계에서 멈춘다. 그와 달리 포도주 지게미와 양조 과정에서 나온 이런저런 찌꺼기를 이용해 의료용 알코올을 생산하는 증류 공장에서는 계속 증류를 이어가며 증류물의 알코올 도수를 높인다. 그렇지만 그 순환 과정을 여러 번 반복한다고 해도 얻는 혼합물의 알코올 도수는 95퍼센트를 넘지 않는다.

왜 그럴까? 그렇게 정확히 농축하는 경우, 증기에는 증류된 알코올 혼합물과 같은 양의 알코올이 함유되어 있다. 증류로 인해 더 이상 혼합 비율이 바뀌지 않기 때문에 혼합물은 순물질처럼 일정한 온도에서 끓는다. 이런 혼합물이 바로 공비혼합물이다! 물-에탄올 공비혼합물의 경우, 끓는점은 섭씨 78.15도이다.

냉각 과정 내내 구성이 균일하고 상변화(phase change) 온도가 고정되어 있기 때문에 냉각 기술자들은 이 공비혼합물을 이용한다. 그들은 하이드로플루오로카본, 즉 HFC를 이용해 오존층에 해를 입히지 않는 흥미로운 여러 냉매를 얻었다. 냉각실에서 아주 유용하게 쓰이는 'AZ-50'은 하이드로플루오로카본 C_2HF_5와 $C_2H_3F_3$을 동일하게 혼합해 얻은 공비혼합물이다. 이 혼합물은 1기압 상태일 때 섭씨 영하 47도 정도에서 끓는다.

냉기 보존

일단 냉기가 만들어지면 냉각 기술자들은 그 냉기를 보존하려고 애쓴다. 그들의 목표는 냉각 시스템을 계속 가동시키지 않으면서 냉각실 내부의 온도를 일정하게 유지하는 것이다. 이번에도 상태

변화를 활용하는 방법이 해결의 열쇠다. 그렇지만 공간을 확보하기 위해(기체는 공간을 너무 많이 차지한다) 냉각 기술자들은 액체-기체 변화보다는 고체-액체 변화를 활용한다. 얼음은 어떤 공간을 섭씨 0도로 유지하는 데 효과적이다. 액화하는 데 필요한 얼음의 잠열은 1그램당 333줄인데, 이는 다른 여러 고체에 비해 상당히 많은 양이다. 그렇게 해서 내부에 얼음이 남아 있는 동안은 내부를 지나가는 열이 얼음을 녹이는 데 쓰여 별도로 온도를 상승시키지 않는다. 냉각실 내부를 냉동 온도로 유지하기 위해 냉각 기술자들에게는 섭씨 영하 18도 아래에서 액화되는 고체가 필요하다. 그들은 또다시 혼합물을 이용한다.

염분을 함유한 물은 어는점이 섭씨 0도보다 낮아 그러한 혼합물로 쓰기에 알맞아 보인다. 그렇지만 그 물은 순물질처럼 얼지 않기 때문에 적합한 혼합물이 아니다. 예를 들어 바닷물을 냉동시키면 순수한 얼음 결정이 염분이 더 많이 농축된 간수 속에 떠다니게 된다. 얼면서 염분 농도는 진해지고 온도는 낮아진다. 반대로 '냉동 간수'가 녹을 때는 온도가 상승한다. 그런 혼합물로는 냉각실 내부 온도를 일정하게 유지할 수 없다!

한계 농도

소금물이 얼 때 나타나는 두 상태는 그 구성이 다르고, 증류의 경우와 마찬가지로 전 과정에 걸쳐 온도가 변화한다는 사실에 주목하자. 냉동의 경우에 어떤 혼합물이 증류 과정의 공비혼합물과 같은 구실을 할까? 바로 공융혼합물이다. '쉽게 녹는다'는 의미가 담긴 공융혼합물은 순물질처럼 언다. 공융혼합물도 일정한 온도를 유지하며 상태가 변화하는 동안 구성이 달라지지 않는다. 공융혼합물 중 가장 잘 알려진 것은 염화소듐(NaCl) 22.4퍼센트를

현재 시판되고 있는 '보냉제'는 납작한 병 모양이며, 농도가 적절하고 무해한 식염수로 채워져 있다.

함유하고 섭씨 영하 21.6도에서 어는 소금물이다. 이런 소금물은 고농축 상태에서 순수한 얼음이 아니라 액체 상태와 동일한 성분의, '염분이 함유된 얼음'을 만들어낸다. 물과 각종 염분을 이용해 냉동 온도가 다양한 공융혼합물을 얻을 수 있다. 예를 들어 염화포타슘 19.5퍼센트를 함유하는 한 용매는 섭씨 영하 10도 정도에서 언다.

우리에게 좀더 친숙한 공융혼합물로는 '보냉제'가 있다. 납작한 병 모양이 가장 일반적인데, 대개 그 병 안의 내용물을 냉동실에서 얼린 뒤 아이스박스 안에 넣어 나들이 갈 때 들고 간다. 냉각 기술자들은 냉각 과정의 작동 주기에 시차를 두기 위해 냉동실 내부에 보냉제를 채용한다. 그 덕분에 공융혼합물이 고형으로 남아 있는 동안은 냉동실의 내부 온도가 일정하게 유지된다. 고형 공융혼합물이 더 이상 남아 있지 않을 때 냉각 시스템이 가동된다. 생소한 이름을 가진 이 실험실의 진기한 물질인 공비혼합물과 공융혼합물은 오늘날 일상생활의 한 부분을 차지하고 있다.

열은 생산하는 것보다
주변 환경에서
회수하는 편이 훨씬 낫다.
'역류 열교환기'와 '열펌프'가
바로 그와 같이 작동하는
장치다.

냉기에서 나온 열기

온도가 더 낮은 곳에서 열을 흡수하는 놀라운 장치

M. Van Woert - NOAA Photo Library

고유의 특별한 생리 작용으로 열 손실을 줄이지 않는다면 바다표범의 체온은 북극의 차디찬 물속에서 아주 빨리 떨어질 것이다. 그리하여 바다표범은 진화를 거듭하면서 혈관의 열 교환 장치를 갖추게 되었다. 이 장치는 지느러미 쪽으로 흐르는 동맥피를 차게 하면서 심장 쪽으로 되돌아오는 정맥피를 데워 준다. 열교환기는 뜨거운 물체 속에 남아도는 열에너지의 거의 대부분을 차가운 물체에 공급한다. 그저 닿기만 해도 두 물체의 온도가 같아지는데, 놀라운 발상의 역류 열교환기는 그 두 온도를 교류시킨다. 열펌프의 성능은 훨씬 더 우수하다. 열펌프는 열을 받아들이는 물체보다 온도가 더 낮은 물체에서 열을 끌어낸다! 어떻게 그와 같이 열이 전달되는 것일까?

역류 열교환기

주택 단지에 설치된 대형 환기 장치와 마찬가지로, 역류 열교환기 내에서는 반대 방향으로 흐르는 두 유체가 접촉하면서 열이 전달된다. 이러한 환기 장치는 온도가 높고 탁한 실내 공기를 맑고 역시 온도가 높은 공기로 바꿔준다. 통풍기에 의해 앞으로 이동하는 다량의 공기는 배관망 안을 흘러가는데, 거기서 실내의 따뜻한(예를 들어 섭씨 20도) 공기를 몰아내는 도관이 외부의 차가운(예를 들어 섭씨 0도) 공기를 빨아들이는 도관과 교류한다. 교환기 안으로 들어간 차가운 공기는, 곧 교환기를 벗어날 예정이어서 이미 온도가 내려간 탁한 공기의 열과 접촉하게 된다. 외부 공기는 앞으로 나아가면서 점점 더 따뜻한 지대들을 통과한다. 교환기에서 나가기 직전, 그 공기는 막 교환기 안으로 들어온 섭씨 20도의 실내 공기와 접촉해 결국 온도가 올라간다. 열이 흘러가기에 충분한 온도 차이(약 섭씨 1도)는 줄곧 교환기 내에서 유지되어, 외부 공기는 섭씨 19도에서 빠져나간다.

100제곱미터의 아파트를 예로 들어 열교환기의 이점을 설명해 보자. 매시간 섭씨 20도의 공기 250세제곱미터를 섭씨 0도의 차가운 공기로 대체해 그 공기를 데우려면 1.7킬로와트의 난방 에너지가 필요하다. 그런데 빠져나간 공기를 활용해 들어오는 공기

북극에 사는 조류의 발과 바다표범의 지느러미에 있는 혈관망은 역류 열교환기 구조로 되어 있다. 동맥피의 열로 심장 쪽으로 되돌아가는 정맥피의 온도를 높여, 조류나 바다표범의 체온은 지나치게 내려가지 않는다.

열펌프 내에서는 팽창한 유체가 차가운 환경(여기서는 겨울 공기)의 열을 '빨아올리고', 이 열이 온도를 높여야 할 환경(여기서는 동물 사육장) 쪽으로 전달된다. 처음에 액체 상태인 유체는 열을 빨아들이면서 차가운 지대에 위치한 교환기 안에서 증발한다(왼쪽). 압축기에 의해 빨려 올라간 증기는 따뜻한 지대에 있는 두 번째 열교환기 안으로 유도되어 거기서 흡수한 열을 방출하면서 액화된다. 그렇게 만들어진 액체는 감압판을 통해 차가운 지대로 되돌아간다.

를 데워주는 열교환기가 있다면 90와트 미만(전구 한 개의 소모량)으로도 충분하다.

발에 있는 열교환기

역류 열교환기는 산업 분야, 이를테면 원자력 발전소에서 아주 유용하다. 원자력 발전에서는 원자로의 노심을 지나가는 1차 냉각계의 물에서 열에너지를 회수한다. 바다표범과 돌고래 그리고 추운 지역에 사는 조류의 혈관 시스템 등 자연에도 그런 장치가 존재한다. 자연이 이러한 시스템을 선택했다는 사실에서 그 효율성이 여실히 입증된다. 북극에 사는 조류의 경우, 발쪽으로 피를 전하는 동맥이 발에서 되돌아오는 정맥과 긴밀하게 교류함으로써 차가운 동맥피는 몸속으로 다시 올라오지 못하게 된다.

수생 포유류와 인간의 경우, 팔다리의 동맥은 오직 '맥박을 잴 수 있는' 관절 부위에서만 표피로 드러난다. 이 동맥은 안쪽 깊숙이 정맥에 싸여 있으며, 날씨가 추울 때면 피가 안쪽 정맥에서 심장으로 되돌아간다(날씨가 따뜻할 때에는 바깥쪽 정맥을 통과한다). 우리 손 안을 흐르는 피가 섭씨 20도로 내려갈 경우, 그 피는 정맥으로 되돌아갈 때 동맥과 교류해 점차적으로 온도가 올라가 정상 체온인 섭씨 37도에 이르게 된다.

열펌프의 놀라운 성능

열펌프가 이루어낸 성과는 아주 놀랍다. 열펌프는 따뜻한 에너지원이 아니라 차가운 에너지원에서 열을 끌어낸다. 이 장치의 작동 원리는 냉각기와 동일하다. 열을 끌어내려는 지대(예를 들어 대기)에서 낮은 압력으로 액체를 빨아올려 기화시킨다. 이 액체는 기화하기 위해 상당한 양의 열, 다시 말해 기화열을 흡수한다. 이 잠열은 차가운 환경(여전히 온도가 내려간다), 이를테면 외부 공기에 있는 교환기를 통해 추출된다. 압축기로 빨려 올라간 기체는 압력을 받아 순환 과정 안으로 주입된다. 이 압축 과정을 통해 그 기체는 두 번째 교환기에서 액화되면서 앞서 흡수한 잠열을 방출하는 것이다. 그렇게 만들어진 액체는 압력이 낮은 지대에서 감압판을 통해 수용되고, 순환 과정이 다시 시작된다.

그런 식으로 이번에는 냉원에서 온원 쪽으로 열이 전달된다. 에너지는 얼마나 들까? 유일하게 소모되는 에너지는 압축기에 공급된 에너지뿐이다. 열역학 제2법칙에 따라 최소 공급 에너지가 도출된다. 집이 받아들인 열과 공급 에너지(전력)의 비율은 따뜻한 에너지원(집)의 절대온도(측정 단위는 켈빈)를 온원과 냉원 사이의 온도 차로 나눈 몫보다 작다.

따뜻한 에너지원이 섭씨 20도이고 차가운 에너지원이 섭씨 0도라면, 에너지 효율은 최선의 경우에 293켈빈(섭씨 20도)을 20으로 나눈 몫과 같으며, 전력 에너지 1줄에 대해 거의 15줄의 열에너지를 받아들이는 셈이 된다. 실제로는 장치가 완벽하지 않기 때문에 에너지 효율은 최댓값에 도달하지 못한다. 열펌프가 제공하는 열은 소모되는 에너지보다 단지 네 배 더 클 뿐이다. 그렇지만 비교를 위해, 전기 난방 기구의 저항으로 1줄이 낭비되면 얻을 수 있는 난방 에너지는 1줄에 그친다는 사실을 상기하자.

열펌프의 효율성은 차가운 에너지원과 따뜻한 에너지원 사이의 온도 차가 작을수록 더 커지기 때문에, 대기보다 오히려 토양 속에서 열을 추출하는 것이 나아 보인다. 사실 토양의 온도는 몇 미터 내려간 지점에서 섭씨 10~16도로 변화하며, 이 섭씨 16도의 온도 값은 집 안의 적정 온도인 섭씨 20도에 근접한다. 토양과 열펌프는 지하 도관망을 통해 서로 교류하고, 그 도관망은 물-글리콜 혼합물 같은 방열액을 운반한다. 열펌프가 외부의 온도를 낮추는 일종의 냉각기이므로, 두 방향으로 작동해 집 안을 시원하게 하는 펌프도 만들 수 있다. 그런 펌프는 여름에 집의 열에너지를 빼내어 지하 토양에 넘겨주고, 토양의 온도를 몇 도(약 섭씨 5도) 상승시킨다. 이러한 열이 아주 천천히 배관 주위로 방출되어 수개월 동안 근처에 머무른다. 지하 토양의 온도 균형을 교란시키지 않도록 세심하게 신경 쓰면서 배관 간격을 충분히 벌려둔다면, 여름에 열을 저장해두었다가 겨울에 다시 사용할 수도 있다.

물과 불

물이 오히려 더 큰 화재를 일으킬 수 있다?

물은 불을 끄는 데
효과적이라고 알려져 있다.
그렇지만 밀폐된 공간에서
물은 외려 역효과를 일으켜
참혹한 결과를 초래할 수도 있다.

G. Courty

제대로 끄지 않은 담배꽁초가 휴지통에 불을 내고, 커튼에 옮겨 붙은 불길은 서재로 번진다. 심지어 가구, 벽 등 실내 전체가 연기를 내뿜으며 화염에 휩싸이는 이른바 '플래시오버(flashover)' 현상이 일어날 우려도 있다. 소방관들도 두려워하는 이러한 참변을 피할 수 있을까? 물론 가능하다. 물을 냉각제로 적절하게 사용하기만 한다면.

즐거운 바비큐 파티를 위해 즉석에서 화덕을 만들었다가 방심하는 바람에 나무에 불이 옮겨 붙었다면 어떻게 해야 할까? 연료가 다 떨어져 저절로 불이 꺼지기를 기다릴 수 있고, 불길을 잡기 위해 모래로 덮거나 물을 뿌려가며 뜨거운 열기를 식힐 수도 있다. 화재는 가연성 물질(연료)과 조연성 물질이 서로 화학 반응을 일으켜 방출한 열에 의해 자체적으로 그 반응이 유지되면서 발생하는 것이다. 가연성 물질, 조연성 물질, 열 중 한 가지 요소만 부족해도 연소가 중단되기 때문에 앞서 말한 세 가지 방법이 주효하다. 불길이 확산되어 더 이상 가연성 물질을 제거하거나 불길을 잡을 수 없을 경우, 소방관들은 물을 뿌리면서 열기를 제압한다.

불을 끄기 위해 열을 식히는 것이 왜 그토록 효과적일까? 열로 인해 연소의 화학 반응이 일어나고, 한편으로는 열이 가연성 물질을 방출해 불길을 지속시키기 때문이다. 자세히 알아보자.

열분해가 이루어진 뒤 연소 반응이 일어난다

화학 반응은 분자의 운동 에너지가 어떤 한계치를 웃돌 경우에만 발생하며, 한계치를 많이 초과할수록 화학 반응이 일어날 확률은 높아진다. 분자의 평균 운동 에너지는 온도에 비례하기 때문에, 결국 온도가 충분히 높을 경우에만 연소 반응이 일어난다. 주변 온도에 활성을 보이지 않는 종이는 온도가 섭씨 233도(화씨 451도)를 넘으면 저절로 타오른다. 이 온도 값에서 영감을 얻어 레이 브

불을 끄는 데는 다음 세 가지 방법이 좋다. 불에 탈 수 있는 새로운 가연성 물질을 모두 멀리 치우고, 열을 식히기 위해 물을 뿌리며, 불길을 잡기 위해 모래로 덮는다. 특히 가연성 물질과 열이나 산소 같은 조연성 물질의 공급을 차단해야 한다.

■ 1953년 미국의 SF 작가 레이 브래드버리가 첫 장편 소설 《화씨 451도》를 발표했고, 이것을 원작 삼아 1966년 프랑스의 프랑수아 트뤼포 감독이 동명의 영화를 만들었다.

래드버리와 프랑수아 트뤼포가 작품을 만들기도 했다.■ 연소 반응은 소모하는 에너지보다 더 많은 에너지를 방출한다. 여분의 에너지는 열의 형태로 존재하며 새로운 반응을 일으킨다.

열은 가연성 물질에 어떤 작용을 할까? 화덕 안의 장작을 예로 들어보자. 화덕은 장작에 열을 가하는데, 내부의 물이 완전히 증발하지 않는 한 장작의 온도는 섭씨 100도를 넘지 않는다. 나무의 온도는 물기가 마르면서 상승하고, 셀룰로오스 분자는 수소나 일산화탄소 같은 가연성 가스를 방출하며 분해된다.

이른바 '열분해'라고 하는 이 과정에는 에너지가 필요한데, 그러한 에너지 비용은 대개 불길로 만들어진 열—가연성 가스가 대기중의 산소를 만나 인화되면서 생긴 열—에 의해 상쇄된다. 그와 같은 연소는 많은 에너지, 예를 들어 목재 1킬로그램당 약 20메가줄의 에너지를 방출한다. 그렇게 해서 세차게 번져가는 숲속 화재의 경우 1미터의 전선(前線)마다 10여 메가와트를 생산하며, 소나무로 만든 장롱이 탈 경우에는 2메가와트를 방출할 수 있다.

그런 화재들을 진압하기 위해서는 불의 온도가 상승하는 속도보다 빨리 온도를 낮춰야 한다. 어떻게 그럴 수 있을까? 예로부터 불을 끄는 데 효과적이라고 알려진 물을 이용하면 된다. 물은 모든 천연 물질 중 열용량이 가장 뛰어나며, 모든 액체 중에서 기화열이 제일 크다. 물 1킬로그램을 섭씨 15도에서 섭씨 100도로 데우기 위해서는 355킬로줄이 필요하며, 그 물을 증발시키려면 추가로 2245메가줄이 더 필요하다. 그렇게 해서 이론상 물의 냉각 역량은 유량이 1초당 1리터인 경우 약 2.6메가와트이다.

실제로 물을 직접 불길에 대고 지속적으로 분사하는 경우는 이러한 힘의 3분의 1만을 흡수할 뿐이다. 분사된 물은 일부만 증발하고 대부분 액체 상태로 남는다. 소나무로 만든 장롱의 연소를 막기 위해서는 1분당 약 200리터의 물이 필요하다. 최대 3000리터의 물을 담을 수 있고 펌프로 1분당 1000리터의 물을 내뿜는 소방차라면 그런 화재를 충분히 진압할 수 있다.

도심에서 발생하는 화재의 경우, 대부분 400리터 미만의 물로 진압이 가능하다. 그와 달리 숲에서 일어난 대규모 화재는 소방차로 제어하기 힘들다. 1기가와트의 불을 진화하기 위해서는 한꺼번에 30여 대의 소방차가 필요하다. 그런 경우, 소방차보다는 몇 초 안에 5800리터의 물을 쏟아내는 살수 비행기를 사용하는 편이 낫다. 그 정도는 되어야 1기가와트의 불을 냉각시킬 수 있다.

따라서 상당한 양의 물을 보유하는 것은 아주 중요하다. 간혹 실내 화재에서는 그것으로 충분하지 않을 수 있다. 밀폐된 공간에서는 열과 연기가 쉽게 빠져나가지 못해 불이 확산되면서 갑자기 성질이 바뀔 수 있기 때문이다. 방 안에서 불이 번질 때, 온도가 높아지면서 열에 노출된 물건들은 적외선 복사로 방 곳곳에 에너지를 전달한다. 열분해로 연기나 뜨거운 가연성 가스가 방

가연성 물질과 조연성 물질의 분자들이 미미한 운동 에너지로 충돌할 경우, 그 분자들은 변화하지 않은 상태로 다시 튀어 오른다. 충돌 에너지가 충분할 때는 연소의 화학 반응으로 인해 분자들이 변형되고 연소 부산물은 방출된다.

출되어 천장 아래에 쌓이고, 천장 아래 온도는 섭씨 300도에 이른다.

이어 걷잡을 수 없는 상황이 전개된다. 산소 또는 다른 이유로 이 가스들이 불타오르면서 천장 아래 온도는 섭씨 500도까지 올라가는데, 이 온도라면 충분히 많은 소재의 자연 인화를 유발하게 된다. 눈 깜짝할 사이에 무시무시한 플래시오버 현상이 일어나 방 전체에 불길이 번지고, 실내 온도는 약 섭씨 1000도에 이른다.

전소를 막으려면 물을 너무 많이 사용해서는 안 된다

어떻게 이런 유형의 참변을 피할 수 있을까? 물을 지나치게 사용하면 뜨거운 증기가 너무 많이 만들어져 연기와 가연성 가스들이 방 밖으로 빠져나가게 된다. 이 연기와 가연성 가스는 선선한 공기를 만나면 즉시 타오르게 된다. 전소를 피하기 위한 최선의 방법은 물을 조금씩 단속적으로 여기저기 뿜어대면서 가스를 냉각

불길에 휩싸인 밀폐 공간의 전소를 막으려면 물을 조금씩 적당량 분사해, 그 물이 신속하게 증발하면서 불붙지 않은 상태로 천장 아래에 쌓여 있는 가스를 냉각시키도록 해야 한다.

시키는 것이다. 적은 양의 물은 벽이나 바닥에 닿기도 전에 증발하고, 화재 지역의 가스 온도를 떨어뜨리게 된다.

냉각된 가스가 압축되어 생성된 증기를 전반적으로 상쇄하고, 주변의 뜨거운 가스가 흡착되면서 전체 공간의 압력이 낮아진다. 그렇게 하면 뜨거운 가스가 빠져나가 외부로 불길이 번지는 것을 막고 최선의 시야를 확보할 수 있다. 그러나 이러한 소방 작업은 꽤나 까다롭다. 뜨거운 가스를 지나치게 빨리 압축시키면 상당량의 외부 공기가 들어올 수 있고, 결국 산소가 유입되어 불길이 더 거세지면서 우려했던 플래시오버 현상을 유발할 수도 있다. 그래서 이 새로운 화재 진압법은 첨단 장비를 갖춘 고도로 훈련받은 전문가들이 실시해야 한다.

흰색은 빛을 잘 반사하므로
햇빛에 노출될 때
흰옷이 덜 뜨겁다.
그러나 베두인족은
검은색 옷도 입는다.
왜 그럴까?
바로 대류 현상 때문이다!

검은색 옷을 입는 베두인족

사막의 유목민들은 왜 검은색 옷을 입을까

jpatokal@iki.fi

뜨거운 태양빛을 차단하기 위해서는 어떤 색의 옷을 입어야 할까? 우리는 흰색이 태양의 복사열을 거의 흡수하지 않는다고 알고 있기 때문에 '흰옷을 입어야 한다!'고 생각한다. 그렇지만 사막의 유목민들은 검은색 옷도 입는다. 어두운 색의 옷도 밝은 색의 옷만큼 햇빛 아래에서 쾌적할까? 다양하게 교류되는 에너지의 작용을 검토하면 이러한 흥미진진한 의문이 명확히 밝혀진다.

표면의 색에 따라 그 표면이 우리에게 다시 보내는 빛의 양은 물론, 상호 보완적으로 표면 자체가 흡수하는 빛의 양도 달라진다. 표면의 색이 어두울수록 빛, 즉 빛에너지를 더 많이 흡수하며, 흡수되는 빛은 열로 바뀌게 된다. 하늘 높이 떠 있을 때 태양은 지면에 1제곱미터당 약 1000와트의 에너지를 가져다준다. 검은색 물체는 이 에너지를 90퍼센트까지 흡수한다. 어두운 색의 '태양열 집열판'—물을 순환시켜 아주 적은 비용으로 물을 데운다—으로 이 에너지원을 활용하기도 한다. 반대로 태양열 때문에 올라간 온도를 낮추고 싶을 때는 입사하는 빛을 대부분 반사하는 흰색을 이용한다. 그래서 햇빛이 잘 드는 지역에서는 주택 벽을 흰색으로 칠하는 것이다.

이러한 분석에는 아직 보완할 부분이 많다. 옷 하나의 실제 에너지 수지를 파악하기 위해서는 그 의상이 복사에 의해 어떻게 에너지를 잃는지도 고려해야 한다. 모든 물체는 온도가 올라갈수록 더 많은 빛을 발산한다. 예를 들어 여름 햇빛(섭씨 40도)에 노출된 옷은 약 9마이크로미터 파장의 원적외선에서 빛을 낸다. 그런데 흡수를 잘하면 역시나 방출도 잘한다. 검은색은 빛을 많이 흡수하는 만큼 많이 방출하는데, 상온에서 1제곱미터당 약 500와트를 발산한다. 역으로 빛을 적게 흡수하는 흰색은 마찬가지로 검은색보다 훨씬 적게 빛을 방출한다. 북극곰이 흰색인 이유 중 하나가 바로 그 때문이다. 북극곰은 빛을 적게 흡수하는 것보다는 빛을 발산하지 않고 내부의 열을 간직하는 데 더 중점을 두는 것이다.

밝은 색 표면은 태양빛(주황색 화살표)을 돌려보내고 어두운 색 표면은 태양빛을 흡수하기 때문에 흰색 벽이 검은색 태양열 집열판보다 온도가 덜 올라간다. 게다가 흰색 벽은 검은색 집열판의 표면보다 더 적은 열(빨간색 화살표)을 방출한다.

에너지 수지

세부적으로, 가시광선과 적외선에 관한 한 물체의 속성은 색뿐만 아니라 그 물체를 구성하는 소재에도 의존한다. 베두인족이 사용하는 검은색 직물과 흰색 직물을 비교해보자. 검은색 옷을 입은 사람이 사막의 태양을 마주하고 있을 때, 옷이 흡수하는 에너지는 1제곱미터당 840와트인 반면, 적외선 복사에 의한 에너지 손실은 1제곱미터당 540와트이다. 1제곱미터당 300와트의 순이익은 흡수 에너지의 3분의 1에 해당한다. 흰옷이 흡수하는 에너지는 1제곱미터당 650와트로, 이렇게 높은 값이 나온 까닭은 흰색 천도 검은색 천만큼이나 적외선을 흡수하기 때문이다. 적외선은 그 자체로 지면에 다다르는 태양의 빛에너지 중 절반을 차지하는데, 흰색 천은 적외선에서 검은색 천에 맞먹을 만큼, 즉 1제곱미터당 530와트를 방출한다. 결국 흰색 천은 1제곱미터당 120와트의 에너지, 다시 말해 검은색 천보다 세 배 정도 적게 에너지를 흡수하는 셈이다. 이스라엘 연구원들이 햇빛 온도가 섭씨 38도일 때 베두인족이 입는 두 가지 색 의상의 표면 온도를 측정한 결과, 밝은 색 옷은 섭씨 41도인데 어두운 색 옷은 섭씨 47도였다고 한다.

체온이 섭씨 4도 이상 오르면 치명적이므로 검은색 옷은 자칫 위험해 보인다. 그런데도 사막의 유목민들은 검은색 옷을 입는다. 그 이유를 알아보기 위해 그들의 천막에 관심을 가져보자. 이 천막 역시 검은색이며 아주 쾌적하다. 편안하고 쾌적한 천막에는 두 가지 물리 작용, 즉 천막으로 만들어지는 그늘과 천막의 통풍 시스템이 관여한다. 태양열을 더 잘 흡수하는 검은색 직물로 만든 천막은 동일한 두께의 흰색 천막보다 훨씬 더 좋은 그늘을 만들어낸다. 그렇지만 태양 때문에 온도가 많이 올라간 천막은 자체 열을 천막 내부의 공기에 전달할 우려가 있다. 그렇게 되지 않도록 베두인족은 천막을 활짝 열어둔다. 검은색 천과 접촉한 공기는 온도가 상승하고 팽창하며, 주변 공기보다 밀도가 떨어져 높이 올라간 다음 천막을 빠져나간다. 그 공기가 천막에서 전달된 열을 실어가면서 덜 더운 외부 공기를 천막 안으로 끌어들인다. 이렇듯 뜨거운 천막 표면으로 인해 바람이 불지 않아도 천막의 공기가 일정하게 교체되는 대류 운동이 일어난다. '베두인식 통풍 장치'의 동력은 바로 천막의 검은색 직물인 것이다.

두 겹으로 겹쳐 입는 베두인족

통풍 시스템 덕택에 베두인족은 검은색 의상에 열이 축적되어도 덜 괴로운 걸까? 그렇다. 한데 그 점을 설명하기에 앞서 햇빛 아

'베두인식 통풍 장치'는 대류 현상을 통해 천막을 시원하게 한다. 태양빛으로 온도가 올라간 어두운 색의 천막은 주변 공기를 덥혀 위로 빠져나가게 하고(빨간색 화살표), 덜 더운 바깥 공기를 아래로 빨아들인다(파란색 화살표).

베두인족은 의복 색이 밝든 어둡든 두 겹으로 겹쳐 입음으로써 햇빛을 받아도 쾌적하게 지낸다. 검은색 옷은 표면 온도를 더 많이 높이지만 공기의 대류 현상을 촉진시키며, 그로 인해 의복에 흡수된 태양열이나 체내에서 발생하는 열이 계속 빠져나가게 된다.

래에서 어떤 옷이 쾌적한지 먼저 살펴보자. 늘 주변과 같은 온도를 유지하는 천막과 마찬가지로, 쾌적한 의상은 외부 온도가 어떻든 간에 체온을 한결같이 섭씨 37도로 유지시켜준다. 이를 위해 그런 의상은 외부 열로부터 신체를 보호하고 신진대사로 인해 계속 만들어지는 열(사람은 휴식을 취할 때도 적어도 100와트의 열을 낸다)을 밖으로 내보낸다. 이러한 조정 작업은 발한 과정을 통해 이루어진다. 땀은 피부에서 열을 흡수해 증발한다. 체온이 상승할 때는 어떻게든 땀을 많이 내서 올라간 체온을 상쇄해야 한다. 열대 지역에서는 기온이 가장 많이 올라가는 순간에 시간당 0.5리터 이상의 체내 수분을 잃게 된다. 그래서 땀을 더 쉽게 증발시켜 시원한 느낌을 주는 옷이 편안하고 쾌적한 옷이다.

이제 우리는 어두운 색의 옷과 밝은 색의 옷을 선택하는 원리를 이해하게 되었다. 속에 입는 옷, 이를테면 셔츠와 바지처럼 피부에 닿는 옷은 천의 온도가 너무 올라가지 않도록 밝은 색을 선택하는 것이 바람직하다. 베두인족은 태양, 바람, 모래로부터 자신을 보호하기 위해 머리에서 발끝까지 감싸는 큼지막하고 헐렁한 의상을 입는다. 맨살에 커다란 면 셔츠를 입고 그 위에 품이 넓은 옷을 걸친다. 바깥에 걸치는 옷은 피부에 직접 닿지 않는 셈이다. 이렇게 겹쳐 입으면 옷 사이에서 공기가 쉽게 순환하게 된다. 겉옷 때문에 덥혀진 공기는 두 겹의 옷 사이에서 위로 올라가고, 덜 더운 주변 공기가 옷 아래로 들어오게 된다. 대류 운동으로 두 겹의 옷이 송풍기처럼 기능하면서 뜨거운 공기를 천 사이나 목둘레 등으로 몰아내는 것이다. 실제로 피부 온도는 물론 옷 밑에서 순환하는 공기의 온도도 겉옷의 색상에 좌우되지 않는다. 다시 말해 검은색 옷은 밝은 색 옷보다 더 많은 열에너지를 흡수하지만, 대류 현상이라는 유익한 효과를 발휘해 여분의 에너지를 상쇄함으로써 이를 보상한다.

우리는 물리학 법칙의 용인하에 태양 아래에서도 취향대로 의복 색을 선택할 수 있다.

빛 추진력이라고?
빛은 형체가 없지 않은가?
그러나 다량의 빛은 분명
감지할 수 있는 힘을 발휘하며,
향후 비행기를 날게 하거나
위성을 궤도에 올려놓을지도
모른다.

광압

빛이 비행기와 우주선의 동력이 된다?

D. Cordier, 2005

2005년 봄, 코스모스 1호 위성은 예정대로라면 지구 주위의 궤도에 안착한 다음, 범선처럼 이동해 날개에 내리쬐는 태양빛만으로 궤도를 바꿔야 했다. 그러나 안타깝게도 그 위성은 발사 도중에 사라지고 말았다. 2000년 10월, 미국의 라이트크래프트 테크놀로지(Lightcraft Technologies Inc.)는 강력한 레이저를 쏘아 올려 50그램짜리 소형 로켓을 고도 71미터 지점에서 비행시켰다. 빛이 어떻게 이 로켓을 추진한 걸까? 그것이 바로 수수께끼 같은 복사계의 열쇠일까? 복사계는 유리 전구 안에 든 작은 날개판이 빛을 받으면 바로 회전하도록 만든 장치다.

한 곳에 놓인 조약돌을 치울 때, 건설 노동자들은 그것을 향해 강력한 물을 뿜어댄다. 각각의 물 분자는 조약돌에 부딪히면서 조약돌에 운동량을 넘겨주는데, 이 미세한 동력이 축적되어 거의 연속적인 어떤 힘을 만들어내 조약돌을 밀어내는 것이다. 물 대신 다량의 빛을 분사할 경우에도 유사한 현상이 일어난다. 빛은 에너지 입자, 즉 광자로 구성되어 있다. 어떤 표면이 광자들을 흡수하거나 반사할 때, 그 광자들은 표면에 운동량을 전달해 이른바 복사압이라는 압력을 가한다.

광자의 충돌

이런 광압은 아주 미미하다. 광자 하나의 운동량은 그 에너지를 빛의 속도로 나눈 값과 같기 때문에, 광속은 (어두운 색의) 면에 흡수된 에너지를 빛의 속도로 나눈 값과 동일한 힘을 가한다. 그렇게 해서 1와트의 광속이 가하는 힘은 10억분의 3뉴턴(3나노뉴턴)이다. 다시 말해 표면이 1제곱밀리미터인 경우, 그 압력은 수 밀리파스칼이 된다.

아무리 미미하다고 하더라도 복사압은 질량이 작은 물체를 밀거나 그 압력이 오랫동안 작용할 경우에 효과를 발휘한다. 물리학자들은 그런 식으로 초저온 원자구름을 만드는 실험에서 원자의 분출 속도를 늦춘다. 세슘 원자 한 개의 질량은 약 3×10^{-25}킬로그램이다. 매초 파장이 850나노미터인 광자 2000만 개에 부딪힌 세슘 원자의 가속도는 중력가속도의 5000배에 맞먹는다. 세슘 원자가 초속 300미터로 이동한다면, 원자는 0.006초 만에 1미터 정도를 움직이고는 정지한다.

복사압의 작용은 저 멀리 우주 공간에서도 확인할 수 있다. 태양돛 추진의 원리가 바로 그렇다(그림 1 참조). 우주 공간에는 운동을 방해하는 마찰이 전혀 없다. 지구 층위에서 광속과 수직을 이루는 표면이 받아들이는 태양력은 1제곱미터당 1.4킬로와트이며, 이는 100만분의 4뉴턴에 해당한다. 빛을 반사하는 소재를 이용하면 이 힘은 두 배로 늘어난다. 다시 말해 반사경에 반사된 광자들은 초속도의 반대 방향으로 다시 출발하면서 자신들의 운동량보다 두 배 더 많은 힘을 그 돛에 전달한다.

100킬로그램인 코스모스 1호 위성은 예정대로라면 면적이 600제

1. 각각의 광자는 자신의 에너지를 빛의 속도로 나눈 몫과 같은 운동량을 전달한다. 따라서 빛은 물체에 추진력을 가할 수 있다. 실험 위성 코스모스 1호에서 빛을 반사하는 '돛'은 태양에서 방출된 광자를 이용해 위성을 더 빨리 돌려 궤도를 바꿀 예정이었다.

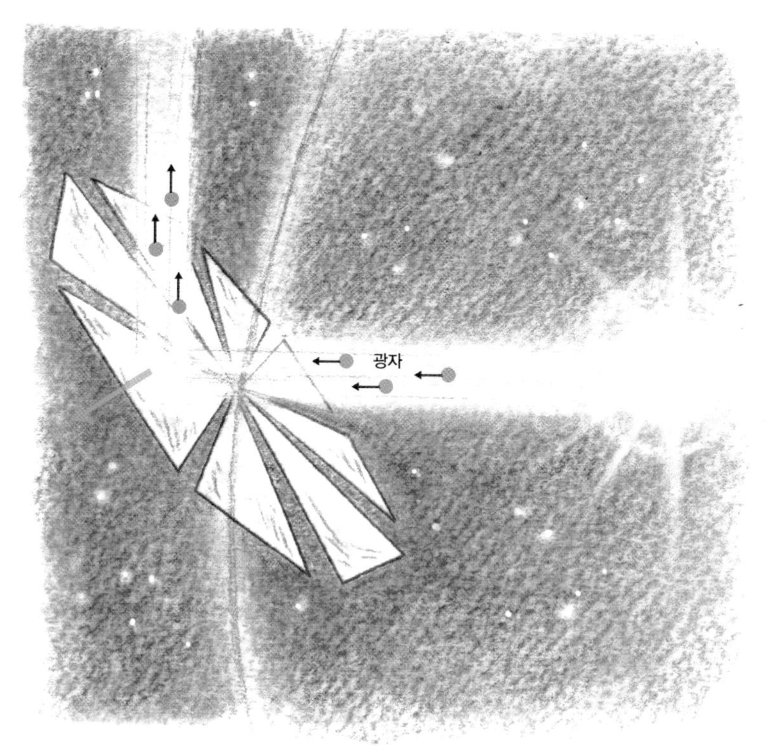

곱미터인 날개—이 돛은 아주 가벼운 소재인 마일라(Mylar)■로 제작되었다—를 펼쳐야 했다. 중력이 없는 상태에서 위성의 가속도는 약 50μm/s²으로 하루가 지나면 빛이 전달하는 속도는 초속 4미터, 즉 시속 14킬로미터가 될 것이다.

복사압으로 복사계의 작동 원리가 규명될까? 복사계의 유리 전구 안은 일부분이 진공 상태이며, 한 축에 운모로 된 네 개의 작은 날개판이 달려 있다. 각각의 날개판에는 자연적으로 빛을 반사하는 밝은 면과 빛을 흡수하는 어두운 면이 있다. 이미 살펴본 대로 광자들이 밝은 면에 가하는 힘은 어두운 면에 작용하는 힘의 두 배다. 그러므로 복사계는 반사면에 가해진 추진력의 방향으로 회전한다고 예상할 수 있다.

■ 미국 듀폰에서 제조하는 강화 폴리에스테르 필름의 상표명.

주변 사람들을 감쪽같이 속이는 복사계

그런데 관찰되는 상황은 그 반대로, 가장 압력이 큰 쪽은 바로 어두운 면이다. 어떻게 된 걸까? 우리는 빛이 전달하는 에너지가 열로 바뀔 수 있다는 사실을 잊고 있었던 것이다. 복사계에서는 어두운 면만이 빛에너지를 흡수해 서서히 온도가 올라간다. 주변 공기보다 온도가 더 높은 이 면이 강타하는 공기 분자들에게 자신의 에너지를 넘겨주고 공기 분자들의 속도를 높여 밝은 면보다 더 큰 반동력을 얻게 되는 걸까?

압력이 미미한 경우라면 그러한 설명이 타당하다. 그러나 일반적으로 복사계 내에서 분자 간에 복합적으로 충돌이 일어나면 결국 날개판 양쪽의 압력은 같아진다. 1879년 제임스 클러크 맥스웰이 오스본 레이놀즈의 개념을 재취합해 이해한 대로, 그 수수

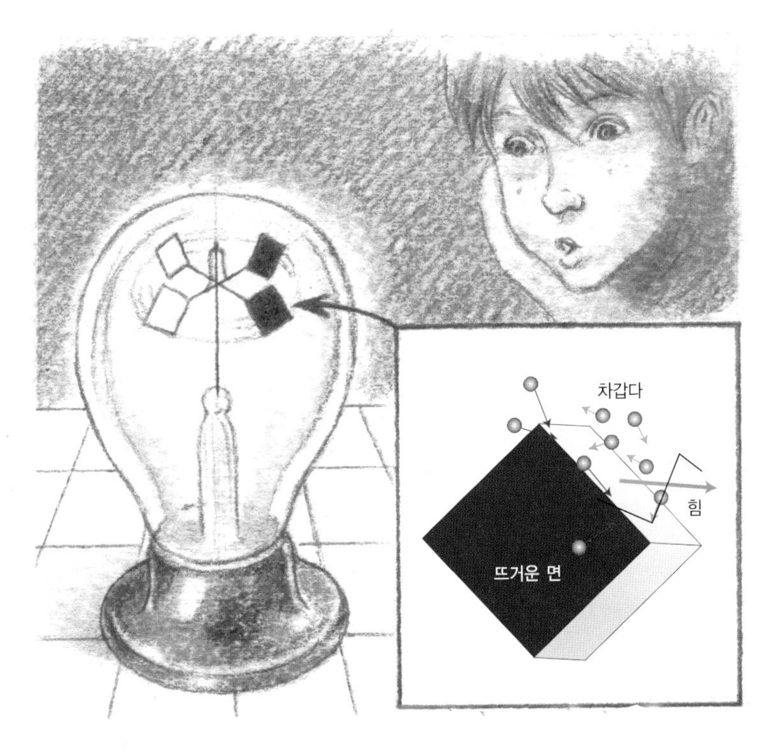

2. 복사계의 작은 날개판은 빛의 작용으로 회전한다. 완벽한 진공 상태에서는 각 날개판의 반사면이 어두운 면보다 두 배 더 큰 추진력을 받을 것이다. 그러나 실제로는 일부분만 진공이어서 날개판은 예상 방향의 반대로 회전한다. 속도가 빠른 어두운 면 주위(공기가 더 뜨거운 곳)의 공기 분자들이 반사면 주위의 분자들보다 더 세게 날개판 가장자리와 비스듬히 충돌해 확실한 힘을 만들어내기 때문이다(주황색 화살표).

3. 라이트크래프트 테크놀로지가 실험한 로켓은 아래쪽에서 출력 10킬로와트의 레이저 빔을 쏘아 발사된다. 로켓의 특이한 형태 덕분에 광선은 환형관 안쪽 면에 모여 주변 공기를 섭씨 1만 도 이상 상승시킨다. 그렇게 이온화한 공기가 강력하게 팽창하면서(그림에서는 흰색 빛으로 표시) 로켓에 위쪽으로 작용하는 추진력을 만들어낸다(주황색 화살표).

께끼—세부적으로는 복잡 미묘하다—의 열쇠는 날개의 양쪽 면 위가 아니라 그 가장자리에 있다. 날개 두께 정도의 거리에서 분자들은 서로 충돌하지 않는다. 속도가 더 빠르기 때문에, 뜨거운 쪽의 공기 분자들은 차가운 쪽의 공기 분자들보다 더 세게 날개 가장자리와 비스듬히 충돌한다. 따라서 어두운 면에서 밝은 면 쪽으로 분명한 힘이 작용한다(그림 2 참조).

복사계 쪽으로 방향을 선회해 빛의 흡수에 의해 온도가 상승하고 공기가 순환한다는 사실을 밝혀낸 것이다. 라이트크래프트 테크놀로지의 실험 계획은 그러한 발상에 근거한 것으로, 광원에 의해 원격으로 로켓 기관실 안의 공기 온도가 올라가며 배출된 공기가 로켓을 쏘아 올리게 된다. 그렇게 해서 50그램짜리 소형 로켓이 10킬로와트의 레이저 빔을 받아 뉴멕시코의 사막에서 71미터 고도에 올라간다. 로켓 아랫면의 포물선 형태 덕택에 환형관을 따라 초점이 맞춰진 레이저 빛은(그림 3 참조) 주변 공기를 섭씨 1만 도 이상, 다시 말해 태양의 표면 온도보다 더 높이 끌어올린다. 그 온도에서 공기 분자들은 완전히 이온화하며, 그렇게 형성된 플라스마가 급격히 팽창하면서 로켓이 발사된다. 그래도 1킬로그램의 로켓을 궤도에 올려놓기 위해서는 적어도 1메가와트의 레이저가 필요하다.

많은 동물들은 편광을 지각한다.
일부 두족류는
심지어 외피에서 반사되는
빛의 편광을 제어할 수도 있다.
은밀하게 신호를 전달하기 위해
그러는 것일까?

편광 오징어

어떻게 편광을 감지할까

'세피아 오피시날리스(*Sepia officinalis*)'라는 학명을 가진 갑오징어는 몸통 색이 균일하며, 색깔을 구별하지 못한다. 그래서 이 오징어는 다른 동물들처럼 색깔을 이용해 의사소통을 할 수 없다. 그런데 이 연체동물이 겉모습을 마음대로 바꾸는 것을 동종의 동물들은 알아차려도 우리 인간은 인지하지 못한다! 이 오징어는 비가시광선을 활용하는 것이 아니라 우리가 지각하지 못하는 가시광선의 한 속성을 활용하기 때문이다(그림 1 참조).

인간은 빛의 강도와 색깔을 감지한다. 그러한 지각을 통해 빛이 파동이며 진폭과 진동수를 가졌음을 알 수 있다. 그렇지만 빛이 그러한 속성만 갖고 있는 것은 아니다. 한 광파는 전기마당과 자기마당의 조합으로, 서로 조화를 이룬 전기마당과 자기마당이 함께 진동하며 퍼져나간다. 우리는 감지하지 못하지만 그 오징어가 감지하는 것은 바로 전기마당이 진동하는 방향, 다시 말해 빛의 편광 현상이다.

팽팽하게 당겨진 줄의 끝을 한 손으로 흔들면 줄은 진동한다. 그렇게 흔들리는 줄을 광파에 빗댈 수 있다. 손의 움직임은 줄을 따라 퍼져나간다. 줄을 부분 부분 미세하게 나누어보면 제각각 줄 길이의 수직면에서 흔들리며, 시차를 두고 손의 움직임이 재현된다. 손을 위아래로 움직이면 줄은 수직 방향을 따라 변형된다. 손을 좌우로 흔들면 줄은 수평으로 진동한다. 그렇게 진폭과 손의 운동 속도를 바꾸지 않고 진동 방향만 조정하면서 줄을 따라 어떤 신호를 전달할 수 있다. 마찬가지로 빛의 경우에도 신호를 전달하기 위해 그 강도나 색상을 바꿀 필요 없이 광파의 전기마당이 진동하는 방향을 제어하면 될 것이다.

하늘에서 내려오는 빛의 편광 현상을 감지하면, 태양을 기점으로 우리가 어느 방향에 위치해 있는지 알 수 있다. 꿀벌을 비롯한

1. 갑오징어 같은 두족류의 신호 전달 부위를 보려면, 우리는 편광 필터를 이용해야 한다. 오징어는 그런 부위를 변경하면서 은밀하게 의사소통을 할 것이다. 신호를 전달하는 부분은 편광을 반사하며, 방향이 적절하다면 편광 필터가 그 빛을 포착해낸다. 몸통의 다른 부분은 편광 현상이 일어나지 않은 빛을 돌려보내고, 이 빛은 (부분적으로) 필터를 통과한다.

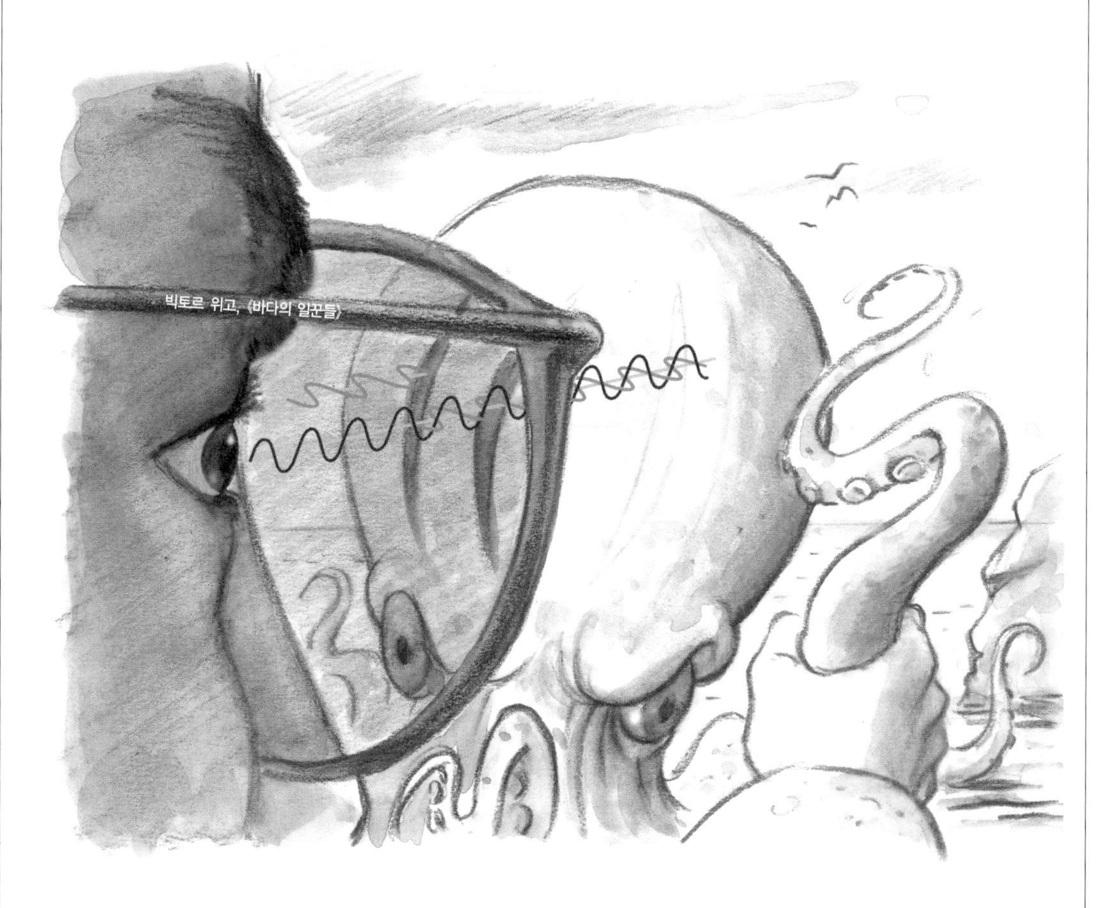
빅토르 위고, 《바다의 일꾼들》

많은 동물들은 구름이 끼었을 때도 편광을 감지할 수 있다. 어떻게 그럴 수 있을까? 하늘에 흩어진 빛의 편광은 관찰 방향에 의존하기 때문이다.

광파는 물질 내 전하의 가속도 운동으로 발생하며, 이 전하들은 미세한 안테나처럼 작동한다. 광선을 따라 진동하는 전기마당의 파동은 흔들리는 줄의 움직임과 유사하다. 다시 말해 그 전기마당은 광선과 수직을 이루며, 방출되는 전하가 움직이는 방향을 따라 나아간다.

편광 현상을 이용한 방향 설정

태양광이 내보내는 광파는 어떠할까? 태양 내 열 운동으로 발생하는 전하의 움직임은 무질서하다. 그래서 태양이 발산하는 광파는 편광 현상을 일으키지 않으며, 언제나 광선과 수직을 이루는 전기마당의 방향은 시간이 지나면서 불규칙하게 변화한다.

태양의 광파가 대기중의 한 분자에 도달하면, 그 분자의 전하는 전기마당의 방향으로 진동하게 된다. 그러면 이 진동으로 전자기파가 발생해 공간 전체로 확산된다. 확산된 전자기파의 전기마당은 전하의 진동 방향을 따라 흔들리고, 이 전하에 의해 발산되는 파들(이른바 빛의 산란)은 태양광선과 수직을 이루는 면에서 편광 현상을 일으킨다(그림 2 참조).

요컨대 태양광에 수직으로 확산되는 빛은 이 광선의 수직면에서 편광 현상을 일으킨다. 다른 방향으로 흩어지는 광파의 경우, 일부에 한해 편광 현상을 일으키는데 그 정도는 산란된 광파의 방향이 태양광선의 방향에 근접하면서 상쇄된다. 하늘 곳곳으로 퍼지는 편광을 감지하면 태양을 기점으로 우리가 어디에 위치해 있는지 파악할 수 있다.

반사를 통해 일어나는 편광 현상

2. 편광 현상이 일어나지 않는 태양광이 대기중의 한 분자에 도달할 경우, 그 분자의 전하는 광선에 수직으로 진동한다. 이 수직면에서(흰색) 나온 광파는 절단면을 따라(a) 편광 현상을 나타낸다. 다른 방향으로 나아간 광파의 경우, 편광의 정도가 약하고(b) 심지어 전혀 편광 현상이 일어나지 않기도 한다(c). 따라서 편광 현상을 통해 태양에 대한 상대적인 방향을 가늠할 수 있다.

산란은 물론 반사도 빛의 편광 현상을 일으킨다. 숨어 있는 메커니즘은 동일하다. 수많은 표면이 반사하는 빛은 여러 분자에 의해 다시 방출되어 부분적으로 편광 현상을 일으킨다. 전기마당의 진동 방향은 우선 표면과 평행을 이룬다(그림 3 참조). 넓은 수면에서는 편광 현상이 수평 방향으로 일어나지만 창문이나 가게 진열창의 경우에는 수직 방향으로 일어난다. 이러한 속성을 이용해 오징어는 되돌려보내는 빛에 편광 현상을 일으켜 제 모습을 바꾼다. 오징어의 일부 표피 세포에는 반사를 통해 편광 현상을 일으키는 미세한 판이 들어 있다. 이러한 세포들은 신경계의 관리 감독을 받아 1초 만에 상태를 바꾸는데, 미세한 판들이 한 방향으로 편광되지 않은 빛을 반사하는 상태에서 빛의 편광 현상을 일으키

3. 편광파(초록색)가 해수면과 나란하게 도달하면 물 분자들의 전하는 전기마당의 방향으로 진동하게 되어(파란색 화살표) 굴절파(a)와 반사파(b)가 발생한다. 편광파가 해수면과 수직을 이루면(빨간색), 반사파는 위의 경우보다 덜 강렬하다. 옆 그림의 각도라면 반사파는 제거된다. 편광 방향의 각도를 줄이면 반사에 의해 자연광의 편광 현상이 일어난다.

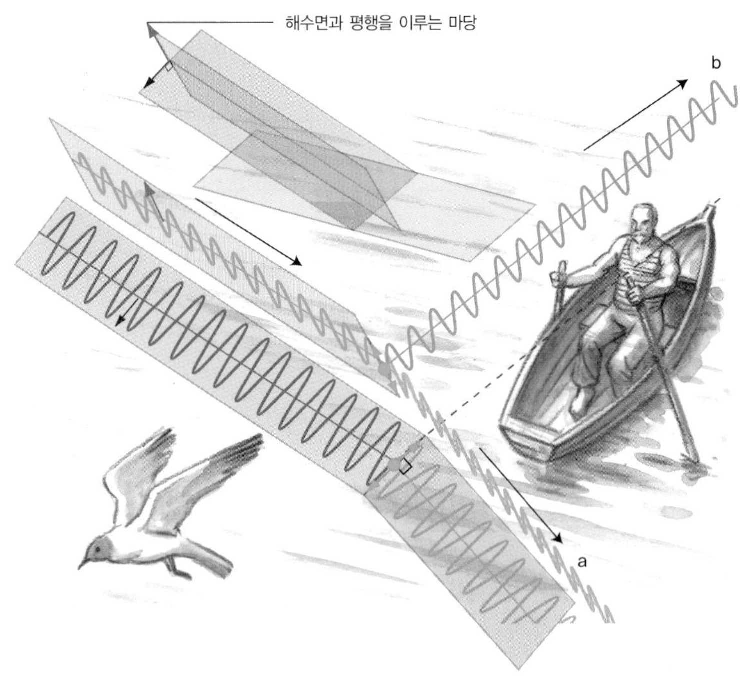

는 질서정연한 상태로 옮겨간다.

시세포는 인간과 유사한데, 왜 갑오징어의 눈은 편광 현상에 민감할까? 갑오징어의 시세포는 그 구조가 선형이다. 분자의 축을 따라 이동할 수밖에 없는 전하는 오직 이 축에 나란한 전기마당, 다시 말해 분자와 평행을 이루는 편광에 의해서만 움직일 수 있다. 우리의 눈 속 분자들은 그 방향이 불확실하지만, 오징어의 눈에 있는 분자들은 나아가는 방향이 일치해 시세포가 편광에 민감한 것이다.

편광에 민감한 갑오징어는 은밀히 신호를 전달할 수 있을 뿐만 아니라 거의 투명한 먹잇감의 위치를 훨씬 잘 식별할 수 있다. 사실 물속에서 투과되는 빛 역시 부분적으로 편광 현상을 일으키는데, 투명한 먹잇감에서 산란되는 빛은 그 미미한 편광 현상조차 일으키지 않는다. 편광을 지각하는 포식자는 이러한 대비를 통해 먹잇감을 훨씬 또렷이 볼 수 있게 된다.

그렇다면 우리는 편광을 지각할 수 없는 걸까? 그렇지 않다. 예를 들어 안경 형태로 만든 합성 편광 필터를 사용하면 편광을 감지할 수 있다. 편광 필터를 구성하는 기다란 분자들은 나아가는 방향이 동일하고 병렬 전선처럼 행동하기 때문에 오로지 편광만을 통과시키고 편광과 수직을 이루는 다른 빛은 제거한다. 분자들과 나란하게 빛의 편광 현상이 일어난다면 전기마당이 어떤 흐름을 유도해, 필터는 마치 도체 금속처럼 빛을 완전히 반사하게 된다. 하지만 전기마당이 분자들과 수직을 이룬다면 어떤 흐름도 나타나지 않으며 빛은 그대로 투과된다. 수직 방향의 편광만을 통과시키는 편광 안경은 수평 방향의 편광을 제거해 눈에 거슬리는 반사광을 대부분 없애준다. 편광 안경을 쓰면 선원들은 해수면에 반사되는 태양빛으로 인한 눈부심을 막을 수 있고, 자동차 운전자들은 다른 차량의 보닛에서 반사되는 빛의 강도를 줄일 수 있다.

금속은 거울을 만들기에
좋은 소재다.
금속에는 무수히 많은
자유전자가 들어 있으며,
이 자유전자가 받아들인 신호를
다시 내보내는
미세한 안테나 구실을 한다.

거울 효과

수면 안테나로 메시지를 포착하는 전략 잠수함

Poison-Yvi

나르키소스는 샘물에 비친 자기 모습을 보고 아주 오랫동안 자기도취에 사로잡혔다가 결국 물속에 빠져 죽었다. 물에 비친 자기 모습이 목숨을 앗아간 것이다. 고대에는 숙련된 장인들이 순은이나 순청동을 윤이 나게 정성스레 닦아 거울을 만들었다. 이러한 기법이 지속되다가 14세기 들어 유리에 금속 막을 입히는 방법이 발견됐다.

훌륭한 전기 도체인 금속은 좋은 반사체이기도 하다. 왜 그럴까? 금속에는 '자유전자'가 아주 많이 들어 있기 때문이다. 정전기마당 속에 놓인 금속 조각의 자유전자들은 어떤 힘을 받아서 움직이게 된다. 금속이 전기 회로의 일부분이라면 거기서 전류가 발생한다. 절연되었을 경우 자유전자들은 금속 내부에 갇히고, 표면에 도달한 전자들은 그대로 쌓이고 쌓여 금속 내부의 정전기마당을 상쇄시킬 때까지 전기마당을 형성한다.

어떤 금속이 빛을 받아들일 경우, 유사한 현상이 일어난다. 이 전자기파의 전기마당과 자기마당은 조화롭게 진동하면서 확산된다. 광파의 전기마당으로 인해 표면에서 마주치는 자유전자들이 진동하게 된다. 전하의 움직임이 빨라지면 전자기파가 나오게 된다. 그렇게 해서 표면의 자유전자들은 미세한 안테나처럼 빛을 받아들이고 다시 내보내는 것이다. 금속 내부에서 재방출된 전자기파는 입사파를 벌충해 정전기마당의 경우와 마찬가지로 총 전기마당이 상쇄된다. 그 금속은 속이 비치지 않는다. 표면의 자유전자들은 외부로 전자기파를 내보내면서 입사파를 반사한다. 금속 표면이 평평하다면, 진동하는 전체 전자들이 내보내는 신호는 경계면을 기점으로 입사 신호와 대칭을 이룬다. 즉 이 입사파는 개별적으로 방출되는 전자파들의 보강간섭에 의해 얻은 신호로서 반사파와 똑같다고 하겠다.

그런데 최고의 도체가 가장 믿을 만한 거울의 소재는 아니다. 금은 은보다 전도성이 강하지만 파란색을 제대로 반사하지 못해 노란빛을 띤다. 전반적으로 도체는 파의 주파수가 특정 한계치 이하인 경우에만 반사한다. 그 특정 한계치는 전자들이 금속 내부에서 진동할 수 있는 방식과 연관된다. 균형 상태에서 자유전자들은 금속 내부에 전체적으로 균일하게 분포되어, 음전하를 띤 이온 결

광파(빨간색)는 금속 표면의 자유전자들을 진동하게 한다(주황색 작은 화살표). 주파수가 낮은 경우, 전자들이 결합해 내보내는 파(초록색)는 입사파를 정확하게 상쇄하여 빛은 금속 내에서 전혀 확산되지 않는다. 주파수가 높은 경우, 전자들은 광파 전자기마당의 진동을 따라갈 수 없으며, 고주파수 대역의 빛은 금속을 통과한다. 시판되는 거울에는 평평한 투명 유리판과 불투명한 금속판 사이에 알루미늄 반사막이 끼어 있다.

정들이 곳곳에서 양공의 양전하를 상쇄한다. 그렇게 해서 그 전하들이 서로에게 가하는 강렬한 정전기력이 상쇄되는 것이다.

■ John William Strutt Rayleigh, 1842~1919. 영국 물리학자. 아르곤을 발견해 1904년 노벨 물리학상을 받았다. '레일리 산란' 법칙을 통해 하늘이 파란색을 띠는 이유를 설명하고 지진의 표면파인 '레일리파'를 발견하는 등 많은 업적을 남겼다.

전자들의 진동

금속 내부에서 일부 자유전자를 약간 옮길 경우, 국지적으로 전하의 불균형이 일어나 전자들을 안정된 위치로 '다시 불러들이는' 전기력이 유도된다. 전자들은 추가 흔들리듯이 그 금속 소재의 특정 주파수, '플라스마 주파수'라고도 하는 차단 주파수에 따라 진동한다. 빛의 주파수가 차단 주파수보다 낮으면, 광파의 전기마당으로 인해 자유전자들은 어쩔 수 없이 진동하게 된다. 반대로 빛의 주파수가 차단 주파수보다 높으면 자유전자들은 반응하지 않는다. 그런 경우에 광파는 자유전자들에 의해 반사되지 않아 금속 소재를 통과해 계속 퍼져나간다. 이런 고주파에서 그 소재는 속이 비치는 것이다.

1906년 레일리 경■은 차단 주파수가 자유전자 밀도의 제곱근에 비례한다는 사실을 밝혀냈다. 고도 60~300킬로미터에 위치한 전리권에서 대기 분자들은 이온화하고, 전자의 밀도는 1세제곱센티미터당 1억~1백만 개로 바뀌며, 차단 주파수는 600킬로헤르츠~60메가헤르츠로 변화한다. 주파수가 훨씬 더 높은 가시광선은 전리권을 쉽게 통과한다. 그와 달리 주파수가 60메가헤르츠 이하인 라디오파는 거울의 경우처럼 전리권에서 반사되어 지구 주위로 다시 튀어 오른다. 그래서 우리는 단파 라디오를 청취할 수 있는 것이다. 이러한 속성을 활용해 프랑스 해군은 수십 킬로헤르츠 대에 작동하는 안테나로 핵무기 명령을 받아야 하는 전략 잠수함에 신호를 전달한다.

차단 주파수

금속과 같이 전자 밀도가 아주 높은 매질만이 가시광선 내에서 빛을 반사한다. 은, 알루미늄, 주석 같은 여러 일반 금속은 1세제곱센티미터당 약 10^{23}개의 자유전자를 가지고 있어 차단 주파수가 자외선 대역이다. 이런 금속들은 가시광선을 모조리 반사해 윤을 내기만 하면 반짝반짝 빛난다. 이른바 '금속성 광택'을 발하는 것이다.

은과 마찬가지로 자유전자의 밀도가 높은 금속 역시 가시광선에서 거울을 만들기에 좋다. 그렇지만 그런 금속 중에, 예를 들어 금이나 구리에는 자유전자 외에도 '거의 자유로운 전자들'이 아주 많이 들어 있다. 금속 결정체의 핵에 약하게 연결되어 있는 이러한 전자들 역시 빛과 상호작용해 차단 주파수가 낮아진다. 그래서 금이나 구리의 경우, 차단 주파수는 가시광선 스펙트럼 내에 존재한다. 주파수 대역이 더 높은 단파장(파란색, 보라색)은 금속 내부로 전달되어 점진적으로 흡수된다. 백색광의 빛을 받은 이 금속들은 장파장을 반사해 따뜻한 색조(주황 빛이 도는 노란색)를 띤다.

한편 가시광선에서 노란색을 띠는 금은 적외선의 99퍼센트를 반사한다. 이러한 속성을 활용해 달 탐사 임무를 수행하는 아폴로 우주선의 비행사들이 착용할 헬멧을 구상했다. 헬멧에 금 박막을 입혀 적외선을 거의 다 반사하도록 해 헬멧의 내부 온도 상승을 제한했다. 또 이 막은 상당히 얇아서 가시광선에서는 투명하다. 달에 착륙한 우주비행사들은 주석 합금을 입히지 않은 거울 뒤에서 자기 소개를 한 셈이다.

거울을 만들기 위해서는 은이나 알루미늄을 어느 정도 두께로 입혀야 할까? 이 금속들이 완벽한 도체라면 그 두께는 0이 될 것

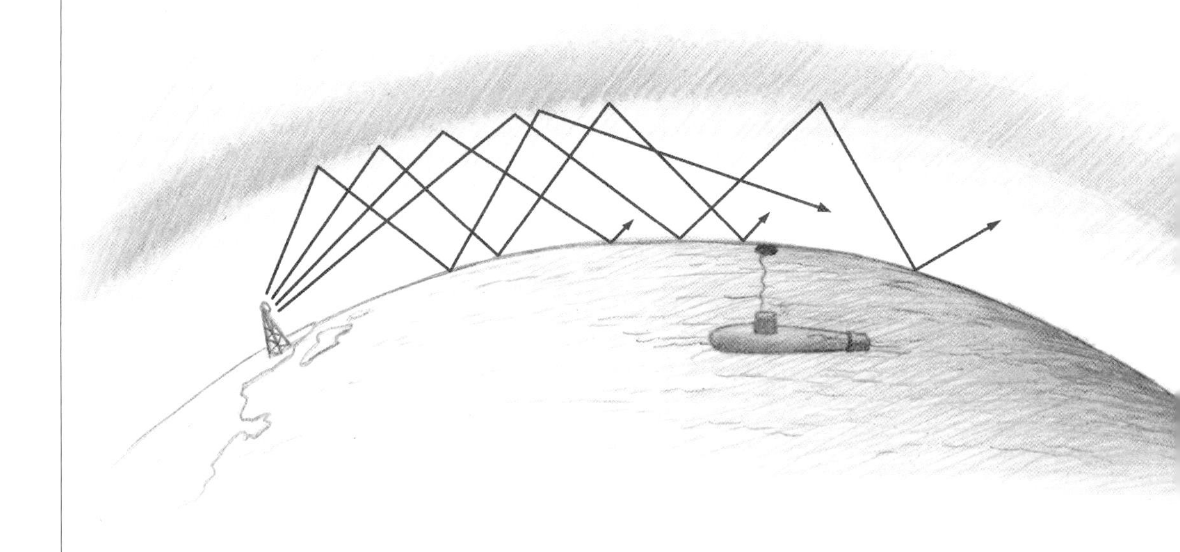

프랑스 해군은 전리권, 육지나 바다에서 반사되는 저주파 대역의 파를 활용해 임무 수행 중인 잠수함에 신호를 전달한다. 잠수함은 물에 뜨는 안테나를 해수면에 띄워 메시지를 받는다.

이다. 그렇지만 완벽하지 않은 도체 내에서 자유전자들은 결정의 결함이나 불순물과 충돌함으로써 움직임에 제동이 걸린다. 그러한 미세한 마찰은 전기저항의 원인이 되고, 광파가 처음에 마주치는 전자들의 운동 폭을 제한한다. 결국 전자들이 형성하는 전기마당이 입사파를 완전히 상쇄하지 못하면서 입사파는 금속을 관통하고, 금속 내부에 들어 있던 전자들도 반사에 가담하게 된다.

전기저항이 클수록 전자들의 효율은 떨어지고, 빛은 더 깊숙이 뚫고 들어간다. 이른바 '피막 두께'라는 광파의 최대 투과 깊이는 금속의 저항률에 파장을 곱한 값의 제곱근에 비례한다. 가시광선의 주파수(약 5×10^{14}헤르츠)에서 은이나 구리같이 아주 좋은 도체의 경우, 그 두께는 약 3나노미터이며 원자 간 간격의 수십 배에 해당한다. 그렇게 해서 20분의 1마이크로미터 두께의 은막으로 충분히 좋은 거울을 얻을 수 있다.

바닷물과 같이 전도성이 미미한 도체와 장파장의 경우, 피막 두께는 약 15미터에 이른다. 잠수함 대원들에게는 다행스러운 일로 그들은 해수면에 너무 가까이 가지 않고도 수신 메시지를 포착할 수 있다. 만일의 사태에 대비해 바닷속 깊은 곳에 머물러 있고자 한다면 물에 뜨는 안테나를 띄워 올리기만 하면 된다.

선별 반사

비눗방울이 펼치는 색채의 마술

무색의 투명한 막을
겹겹이 포개놓으면
영롱하게 빛나는 색상이
만들어지거나
눈에 거슬리는 반사가 제거된다.

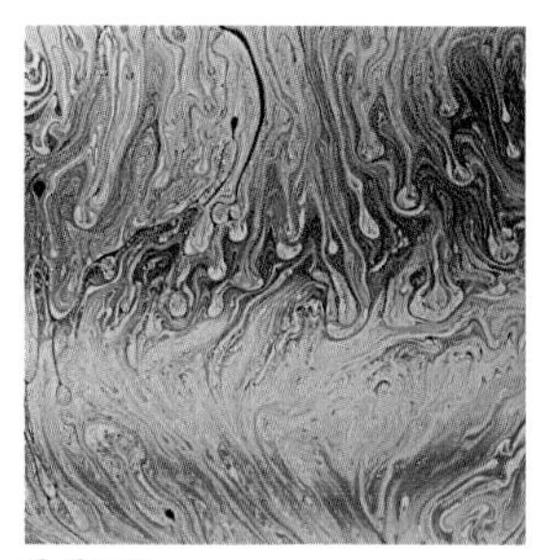
G. Courty

욕실에 있는 은색 거울은 가시광선을 전부 반사한다. 그와 달리 선별력이 더 뛰어난 자연은 일부 색을 반사하는 장치를 고안했다. 예를 들어 여러 곤충이나 갑각류의 등껍질은 다채로운 색을 띠며 화려한 빛을 발한다. 한데 이러한 등껍질을 살펴보면 아무런 색상이 없는 투명한 박막이 그저 죽 이어져 있을 뿐이다. 어떻게 거기서 색채가 탄생하는 걸까? 그것을 알아보기 위해 먼저 욕실에 가서 비눗방울 놀이를 해보자.

비누가 섞인 물은 무색인데 비눗방울은 갖가지 색으로 변한다. 그런 색을 띠는 것은 빛의 파동성 때문이다. 백색광은 사인곡선을 이루는 전자기파들이 중첩된 것으로, 그 파장은 0.4마이크로미터(파란색)에서 0.8마이크로미터(빨간색)에 이른다. 그 전자기파들이 제각각 얇은 비누 막의 양면에서 반사되고, 반사된 두 파가 다시 서로 어우러져 간섭을 일으킨다.

비눗방울: 이중 반사

그 두 파는 여정이 동일하지 않기 때문에 재결합되기 전에 진동하는 횟수가 다르다. 한 파장, 즉 어떤 색의 경우에 두 파는 반사 된 뒤 위상이 일치한다. 그러면 보강간섭이 일어나 그 색은 더 강하게 반사된다. 다른 파장의 경우, 두 파의 위상이 상반되어 반사가 완전히 제거된다(그림 1 참조).

한 색의 반사 여부를 결정짓기 위해서는 두 반사파의 여정을 따라가보면 된다. 입사파가 물 막의 바깥 면에서 반사되어 첫 번째 반사파가 생겨난다. 물은 공기보다 밀도가 높기 때문에, 고정된 줄의 한 끝을 잡고 흔들 때 진동이 고정된 끄트머리에 도달하는 경우와 마찬가지로 파는 거기서 반사되어 방향이 반대로 바뀐다(확산 방향이 바뀔 때, 진폭의 신호가 변한다). 안쪽 면에서 반사되면서 두 번째 반사파가 생겨난다. 이 물과 공기의 경계면에서 반사가 일어날 때 파의 진폭 신호는 바뀌지 않는다.

물 막이 두꺼울수록 물속에서 왔다 갔다 하는 파는 첫 번째 반

1. 비누 막에 도달하는 광파는 막의 바깥 면과 안쪽 면에서 각각 반사된다. 옆의 그림에서는 이해를 돕기 위해 입사파와 나란히 반사파를 그려놓았다. 어느 정도 두께를 가진 물 막의 경우, 파장에 따라 반사되는 두 파 간에 보강간섭(빨간색)이나 소멸간섭(파란색)이 일어날 수 있다.

사파보다 추가로 더 진동한다. 반면에 물 막이 아주 얇다면, 그 파는 반사에 의해 전도된 상태에서 진동하지 않고 첫 번째 파를 다시 만난다. 이때 위상이 정반대인 두 파는 상쇄되어 빛을 전혀 돌려보내지 않는다. 그래서 비눗방울이 터지기 직전에 작은 검은색 원반들이 표면에서 점점 커진다. 그 지점에서 아주 얇아진 막은 곧 터지게 된다.

막이 더 두꺼울 경우, 안쪽 면에서 반사된 파의 위상은 첫 번째 파의 위상과 반대가 아니다. 따라서 막을 통해 반사가 이루어진다. 막의 두께가 물속 파장의 4분의 1일 때(공중의 파장을 물의 굴절률 1.33으로 나눈 몫과 같을 때), 두 파는 조화를 이루어 함께 진동하며 더 강하게 반사된다. 파란색의 경우는 해당 두께가 0.075마

2. 두께는 같고 굴절률이 다른 막들을 겹쳐놓으면 반사파들은 특정 파장의 경우에만 보강간섭을 한다. 이 특정 파장이 표면의 색을 결정하며, 보는 각도에 따라 그 색깔은 다양하게 변한다.

이크로미터이고, 빨간색의 경우는 0.125마이크로미터이다. 그렇게 해서 비눗방울의 두께에 따라 각각의 파장이 다르게 반사되어 다양한 색상이 나타난다.

어떻게 하면 반사에 따른 색 선별력을 향상시킬 수 있을까? 선명하고 광택 나는 갖가지 곤충의 색에서 그 실마리를 얻을 수 있다. 예를 들어 일부 초시류의 등껍질은 다섯 겹으로 이루어져 있는데, 그 막의 두께에 따라 주된 색상을 확실하게 반사한다(그림 2 참조). 막이 여러 겹이어서 파장의 최소 편차가 소멸간섭을 일으켜 적정한 파장만이 반사되는 것이다.

반사광에 유리하거나 또는 불리한 막들

색에 대해 선별력을 갖는 이러한 '반사경'은 방향에 대해서도 선별 지향적이다. 각각의 막 속에서 빛이 지나가는 여정은 입사 방향에 의존하기 때문이다. 이 두 가지 선별력을 활용하는 어떤 새우는 배 밑에 파란색을 잘 반사하는 장치와 함께 푸르스름한 빛을 내보내는 발광 세포를 갖고 있다. 이 새우는 두 기능을 결합해 심해에서 보이는 태양광과 유사한 빛, 다시 말해 동일한 색상에 동일한 방향으로 퍼지는 빛을 아래쪽으로 내보낸다. 그러면 아래쪽에 있는 포식자는 하늘과 혼동하게 되고, 따라서 그 새우는 어지간해서는 포식자의 눈에 띄지 않는다.

어떤 색의 반사율을 높이기보다는 오히려 낮추고 싶은 경우도 있다. 보통 안경 렌즈는 입사광의 약 8퍼센트를 반사한다. 그런데 유기 유리 렌즈는 반사율이 13퍼센트에 달해 눈에 거슬린다. 그래서 렌즈에 공기와 렌즈를 매개하는 다른 광매질로 얇은 막을 입혀 반사율을 줄인다(그림 3 참조). 결국 박막의 두 면(공기와 막, 막과 렌즈)에서 일어나는 반사는 성질이 동일해진다(진폭의 신호는 바뀌지 않는다). 한편 막 내에서 빛이 연속적으로 뒤늦게 이동하는 경우가 있다. 막의 두께가 파장의 4분의 1이 될 때, 두 반사파는 위상이 상반되어 소멸한다. 이미 시력 교정용 안경에 유용하게 쓰이는 이러한 공정은 사진기 렌즈나 최대 렌즈 10개(반사할 수 있는 면이 20개이다)가 들어갈 수 있는 쌍안경에 필수불가결하다. 사진기 렌즈를 비스듬히 바라보면 자기 모습이 비치는 것을 알 수 있다. 빛이 비스듬히 도달할 경우 반사 방지막의 효과는 사라지며, 렌즈 표면에 파스텔 색상이 나타나게 되는 것이다.

3. 광학 기구의 렌즈에 비치는 반사광을 제거하기 위해 렌즈에 반사 방지막을 입힌다. 이 막의 두께는 제거해야 할 광파의 4분의 1과 같고, 굴절률은 공기 굴절률과 렌즈 굴절률의 중간이다. 그렇게 하면 소멸간섭이 일어나게 된다.

광학자들은 여러 겹의 막을 활용해 빛의 반사와 투과를 제어하면서 기적을 이루었다. 일부 파장을 완전히 반사하면서 다른 파장은 완전히 투과시키는 표면을 만들어낸 것이다. 반세기 전에

바슈롬 사에 다니던 해럴드 슈뢰더가 동료들과 함께 발명한 '콜드 미러(cold mirror)'는 그 좋은 예다. 영사기에 사용되는 이 반사경은 가시광선으로 이루어진 광파만 돌려보내고 적외광은 모두 뒤로 빠져나가게 한다. 그러니까 가시광선만 반사하고 적외선은 투과시키는데, 적외선은 빛이 비치는 지대의 온도만 올리지 더 잘 보이게 하지는 않는다. 이 발명가들은 노벨상을 받지는 못했지만, 1959년 아카데미 기술상을 수상했다. 이 반사경을 이용함으로써 영사기로 인해 필름이 타버리곤 하던 난처한 상황을 획기적으로 줄일 수 있었다.

파속과 광속

새로운 유형의 레이더와 광원을 이용한 영상 프로젝터

파속은 전자기파를 내는 다양한 발생원에 의해 만들어지며, 간섭을 활용해 파속 에너지를 마음대로 조종할 수 있다.

Stéphane Muratet © ONERA

새로운 유형의 레이더는 움직이지 않고 하늘을 주사(走査)한다. 안테나 망으로 이루어진 이 레이더는 다량의 전자기파를 내보내는데, 각 안테나가 송신하는 파들의 간섭 작용을 통해 파속의 방향을 제어한다. 얼마 전 광학 분야에서는 라디오파에 국한되던 이 기법을 활용해 품질이 우수한 영상 프로젝터를 제작했다.

그러나 이 레이더는 회전하지 않는다!

레이더는 마이크로파에 속하는 다량의 전자기파를 일정 방향으로 송신한 다음, 되돌아오는 신호를 감지해 움직이는 물체의 위치를 파악한다. 전형적인 레이더의 경우에 마이크로파는 교류가 흐르는 도체 금속 막대에 의해 송신되며, 이 막대는 포물선형 반사 장치의 가운데에 놓여 있다. 이 파라볼라 반사기가 안테나에서 보내는 신호를 한 방향으로 집결시킨다. 목표물을 추적하거나 하늘을 주사하려면 파라볼라 반사기와 안테나로 이루어진 육중한 장치를 아주 빨리 돌려야 하는데, 이때 몇 가지 기계적인 문제가 일어난다. 그런 문제들을 해결하기 위해 기술자들은 여러 안테나가 송신하는 파들 간의 간섭을 활용해 이동 부품이 장착되지 않은 레이더를 개발했다.

이 레이더의 작동 원리를 이해하기 위해, 안테나 두 개가 나란히 서서 동일한 전자기파를 송신하는 경우를 생각해보자. 전자기파의 전기마당과 자기마당은 사인곡선으로 진동하면서 퍼져나간다. 공간의 각 지점에서 전기마당은 개별 송신기에서 만들어지는 전기마당의 총합이다. 두 안테나에 이르는 거리가 동일한 지점에서는 수신된 두 파의 도달 시간이 같다. 다시 말해 그 두 파는 '동위상' 또는 '동주기'이다. 두 파는 증폭되고 보강간섭하며, 감지되는 전기마당은 한 안테나가 만드는 전기마당의 두 배이다.

반 파장 차이가 나는 두 파는 소멸간섭을 한다(모퉁이를 돌기 전). 주기가 같은 파들은 보강간섭을 한다(모퉁이를 돈 다음).

그렇다면 두 안테나에 이르는 거리가 반 파장(한 진동 주기 동안에 파가 지나는 거리의 절반) 차이가 나는 지점에 위치해보자. 먼 안테나에서 오는 신호는 가까운 안테나의 신호보다 반 주기 늦게 우리에게 도달한다. 한 전기마당이 최대가 될 때, 다른 전기마당은 최소가 된다. 두 파는 위상이 상반되며, 전기마당의 총합은 엄밀히 말해 0이다. 두 파 간에 소멸간섭이 일어나는 것이다. 서로 반 파장 떨어진 두 안테나와 일직선상에 위치해 있을 때 그런 간섭을 얻게 된다. 이렇게 배치되어 있을 경우 전기마당은 두 안테나를 마주했을 때 최대이고 측면에서는 0이며, 그 중간 방향으로는 폭이 0~최댓값에 이른다.

그렇게 해서 반 파장 떨어진 두 안테나가 결합해 만들어내는 파속(wave beam)은 대략 중간축을 따라 이동한다. 이 파속을 다른 방향으로 옮겨 한 지점에 맞추려면 가장 가까운 안테나로 뒤늦게 전기마당을 송신하면 된다. 이 지연 시간이 멀리 떨어진 안테나에 송신되는 마당이 추가 거리를 메우는 데 걸리는 시간과 같을 때, 두 파는 그 지점에 함께 도달한다. 보강간섭이 일어나는 것이다. 이 경우 수신 신호는 최대가 된다.

파속의 지향성을 높이려면 아주 많은 수의 안테나를 동일한 망 안에 연결하면 된다. 간단한 망의 안테나들을 규칙적인 간격으로 정렬하는 것이다. 두 안테나의 사례와 마찬가지로, 모든 안테나가 동기식으로 송신할 때 망에 수직 방향으로 보강간섭이 이루어진다. 그 상태에서 멀어지면 그때부터 한 지점에 다다르는 파들 간의 복잡 다양한 위상 차로 소멸간섭이 일어난다. 함께 송신된 파들은 '파속의 축' 내에서만 보강간섭한다. 통제 회로, 즉 지연 회로를 활용하면 안테나 간의 지연 시간을 조절하면서 파속의 방향을 마음대로 바꿀 수 있다.

광학 분야에서도 마찬가지

현재 이렇게 여러 망과 지연 회로를 결합함으로써, 이동 부품 없는 새로운 유형의 레이더를 제작해 항공 공학 분야에서 활용하고 있다. 게다가 이 원리는 이제까지 파라볼라 레이더에 도달할 수 없었던 파장에도 확대 적용될 수 있다. 프랑스 국립항공우주연구소(ONERA)가 제작한 '노스트라다무스'가 바로 그 예로, 이 레이더는 수십 미터에 이르는 상당히 긴 파장을 송수신한다. 이런 파장의 경우, 회전 가능한 파라볼라 반사기를 제작하는 것이 불가능하다. 노스트라다무스는 방사상으로 뻗은 가지 셋에 안테나 288개가 분산되어 있으며 뻗어 나가는 길이가 수백 미터에 이른다. 노스트라다무스가 하늘을 향해 송신하는 파들은 전리권에서 다시 튀어 오르기 때문에 그 레이더로 수평선 너머에서 움직이는 물체, 즉 빙산이나 원양어선, 비행기를 추적할 수 있다.

최근에 동일한 발상에서 가시광선 광속(light beam)을 제어해 성능이 우수한 영상 프로젝터를 제작했다. 해당 파장은 마이크로미터 대이다. 이 영사기에서는 나란히 배열된 작은 반사경들이 안테나 구실을 하며, 레이저 광원으로 그 반사경에 빛을 비추게 된다.

크기가 가시광선의 파장에 맞먹는 그 반사경은 빛을 회절시켜 온갖 방향으로 되돌려보낸다. 이어진 두 반사경의 중심과 레이저 간의 간격 차가 레이저의 파장과 같아지도록 그 회로에 비스듬히 빛을 비춰보자. 두 반사경이 받아들이는 파의 주기가 같기 때문에 반사경은 그 파들을 동위상으로 재송신한다. 회로의 수직 방

안테나 망의 여러 간섭들(아래 네모판 속의 네 가지 경우)에 의해 특정 방향(여기서는 초록색)으로 송출되는 에너지가 한곳으로 모인다. 이러한 속성을 활용해 움직이지 않는 레이더를 만들게 되었다.

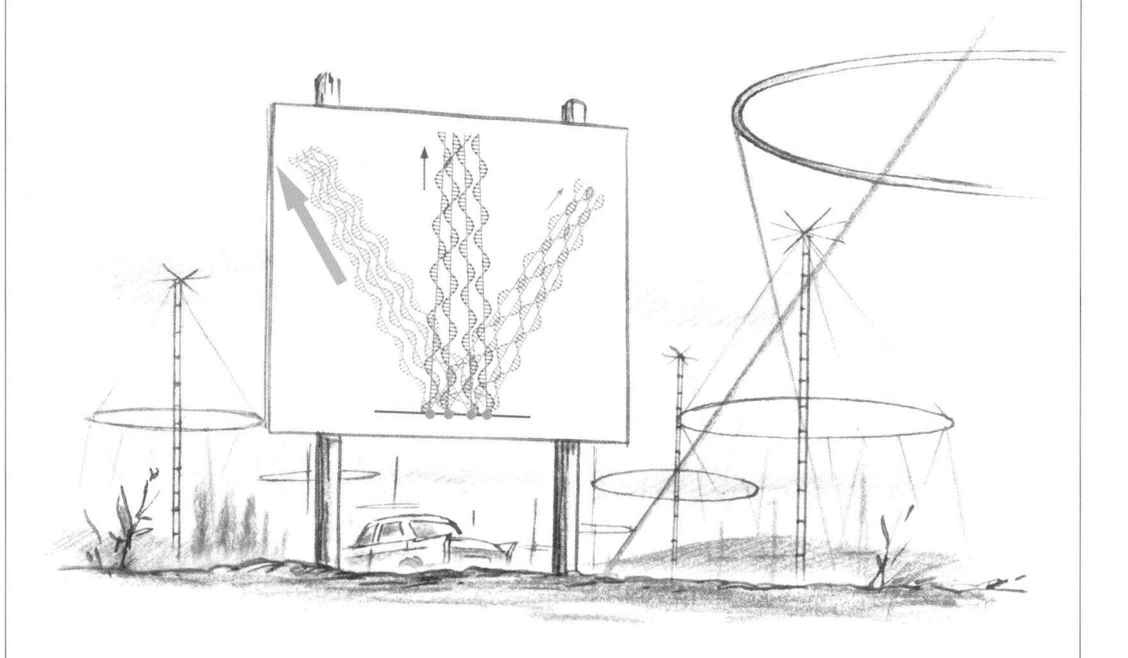

새로운 영상 프로젝터의 경우, 작은 반사경 회로에서 반사되는 광신호가 지향성 간섭을 함으로써 신속하게 고화질 영상이 구현된다.

향으로 보강간섭이 일어나는 것이다. 다른 파장의 경우, 파들은 주기가 같지 않아서 회로의 수직 방향으로 빛이 전혀 송출되지 않는다. 빨간색, 초록색, 파란색 파장에 맞춰진 세 가지 회로를 병렬해 능동형 '픽셀'을 제작한다. 그 세 가지 색을 비스듬히 비추면 이 픽셀은 각각의 색상을 영사 렌즈 쪽으로 다시 내보낸다.

화면상의 한 지점에 색채를 입히려면 빨간색, 초록색, 파란색의 강도를 마음대로 조절할 수 있어야 한다. 그러기 위해 능동형 픽셀에는 제각기 레이더의 지연 회로와 같은 장치가 구비되어 있다. 적절한 압력에서 뒤로 물러나는 금속 테이프 위에 반사경 두 개마다 하나씩 올려두는 것이다. 반사경들이 충분히 이동할 때, 이 반사경들이 평균적으로 돌려보내는 빛은 고정 반사경들보다 반 파장 더 많이 확산된다. 따라서 반사경 면의 수직 방향으로 소멸간섭이 일어난다. 그렇게 해서 삼중 회로의 요철을 변형시키면 그 픽셀이 영사 렌즈 쪽으로 다시 보내는 빨간색, 초록색, 파란색의 강도를 제어하게 된다. 최근 소니 사는 1080개 능동형 픽셀의 선형 회로를 토대로 시제품을 제작했는데, 그 픽셀은 각각 너비 3마이크로미터에 길이 100마이크로미터의 리본 여섯 개로 이루어졌다. 픽셀들은 전체가 화면에서 수직 기둥을 형성하며, 이 기둥이 회전하는 반사경의 도움으로 움직이면서 완전한 영상을 만들어낸다. 이제 곧 우리 영사실에는 유례없이 빠른 속도와 선명한 색상 대비를 자랑하는 새로운 영상 시스템이 갖춰질 것이다.

일반적인 빛에서는
불투명한 많은 소재들이
테라헤르츠선을 비추면
투명해진다.
옷이나 칸막이를 투시하는 일이
더 이상 막연한 꿈이 아니다.

테라헤르츠선 촬영 때 부끄러워하지 마라!

X선에 강력한 라이벌이 나타났다

© QinetiQ

방사선과 의사들에게는 더없이 소중한 X선에 대단한 경쟁자가 나타났다. 강력한 맞수는 바로 테라헤르츠파, 이른바 T선이다. 라디오파와 적외광 사이에 있는 이 전자기파를 이용해도 물질을 투시할 수 있다. 테라헤르츠파의 존재가 처음 알려지고 나서 100년도 더 지났지만, 극복할 수 없을 것 같았던 기술적 장애 때문에 그동안 T선은 방치되었다. 그러나 최근 들어 특히 마이크로 제작 분야의 두드러진 기술 진보로 빛나는 미래가 예고되고 있다!

테라헤르츠파의 생성과 감지 작업이 왜 맞서기 어려운 도전일까? 먼저 이 T선에는 특별한 것이 아무것도 없다. X선, 가시광선이나 마이크로파들과 마찬가지로 T선은 전기마당과 자기마당이 조화를 이루어 함께 진동하고 서로 유도하면서 빛의 속도로 확산되는 전자기파이다. 차이점은 주파수 대역으로, 테라헤르츠파는 라디오파와 적외광의 주파수 사이 0.3~10테라헤르츠에 위치한다. 1테라헤르츠는 10^{12}헤르츠(1000기가헤르츠)이며, 이 대역에 해당하는 파장은 0.03~1밀리미터이다.

전자기파를 감지하는 방법은 그 주파수에 많이 의존한다. 라디오파처럼 안테나를 사용해 테라헤르츠파를 감지할 수 있을까? 유효적절하게 감지하기 위해서는 안테나 하나의 크기가 감지되는 파의 파장과 맞먹어야 하는데, 예를 들어 이동전화가 이용하는 전자기파의 경우 안테나 크기는 몇 센티미터이다. 또 안테나 내에서 전자기파에 의해 유도되는 전류를 처리하는 전자 회로가 그 파의 주파수 대역에서 작동해야 한다. T선의 경우 0.3테라헤르츠 이상의 주파수에서 작동하는, 전자 회로에 접속할 밀리미터 단위보다 더 작은 안테나를 제작하는 것은 아직 공상과학 소설에나 나올직한 이야기다!

테라헤르츠파는 물과 금속으로만 차단되므로 수분이 들어 있는 생체 조직은 비교적 T선에 불투명하다. 따라서 테라헤르츠파를 감지하는 카메라는 포장된 상자 안에 든 동물의 영상을 만들어낼 수 있다. 보호종 동물의 거래를 막는 새로운 방법이 되지 않을까?

라디오파와 적외선 사이

광학 분야로 눈길을 돌려보자. 가시광선이나 적외선에 민감한 카메라는 빛에너지를 전달하는 광자가 도달했음을 감지한다. 각각의 광자는 집적기에 도달해 전자 하나를 방출하고, 이 전자가 회수되어 디지털 영상을 만드는 데 관여한다. 그런데 테라헤르츠선의 광자 에너지(10분의 1전자볼트 이하)는 기껏해야 어떤 분자들을 진동하게 하거나 회전시킬 뿐, 물질 내에서 전자 전이를 유도하

인위적으로 T선을 내보내는 장치 없이도 주변에 있는 테라헤르츠선만으로 충분히 유용한 영상을 얻을 수 있다. 옆의 그림에 삽입된 두 영상에서 알 수 있듯이 보안 서비스에도 응용이 가능하다. 이 두 영상(왼쪽은 일반적인 빛을 이용한 영상, 오른쪽은 테라헤르츠선을 이용한 영상)은 영국의 키네티크(QinetiQ) 사에서 구현한 것이다.

기에는 불충분하다. 라디오파나 하나의 광자처럼 감지될 수 없었기 때문에 테라헤르츠선은 최근까지 이용되지 못했던 것이다.

그렇지만 테라헤르츠파에는 이점이 많다. 앞에서 말했듯이 테라헤르츠 광자는 에너지가 미미해 물질과 거의 상호작용을 일으키지 않아 흡수율이 아주 낮다. 또 라디오파와 마찬가지로 물질을 통과할 수 있다. 즉 테라헤르츠파는 전파와 같이 투과가 가능하다. 그래서 직물, 플라스틱, 세라믹, 벽돌 등 다양한 소재들이

테라헤르츠선에 투명하다. 사실 금속과 물만 유일하게 테라헤르츠선을 차단한다. 게다가 T선은 안개를 통과하며, 생체 조직을 몇 밀리미터 정도 뚫고 들어갈 수 있다.

그 외에도 T선은 라디오파와 달리 우리 눈에 거의 회절되지 않는다. 테라헤르츠파는 파장에 비해 크기가 큰 입구를 통과할 때 분산되지 않는 것이다. 파장이 밀리미터 단위 이하이기 때문에 보통 크기의 물체는 테라헤르츠파를 거의 교란시키지 못한다. 따라서 T선은 빛과 같이 직선으로 확산된다. 렌즈로 T선의 초점을 맞추면 영상을 만들어낼 수 있다.

관통하지만 위험하지 않다

이 모든 이점에도 불구하고 테라헤르츠선을 이용한 기술은 최근에 와서야 급부상하게 되었다. 우선 과도한 비용을 줄이고 여러 기술상의 문제를 해결해야 했기 때문이다. 테라헤르츠파는 라디오파와 빛의 속성을 반반씩 갖고 있어서, 그 두 영역의 기술을 결합해 T선 카메라를 제작하게 되었다.

카메라에 도달한 테라헤르츠 '빛'이 중합체 소재의 렌즈에 부딪히면, 이 렌즈가 뒤에 있는 면 위에 영상을 만들어낸다. 도파관이 T선을 집적해 금 막 위에 새겨진 수십 마이크로미터 길이의 안테나 망 쪽으로 이동시킨다. 금 막은 비스무트처럼 열에 민감한 소재 위에 입힌다. 테라헤르츠선을 아주 효과적으로 집적하는 안테나들은 전자 회로에 다시 연결되지 않는다. 파에 의해 유도되는 전류가 저항의 경우와 마찬가지로 줄 효과■에 의해 안테나와 그 기판의 온도를 높인다. 그러면 온도 상승이 감지되어 그 부분이 적외선 카메라와 마찬가지로 영상으로 바뀌게 된다.

그러한 카메라는 감도가 상당히 높아서 테라헤르츠파를 발생

■ Joule effect, 줄-톰슨 효과. 압축한 기체를 단열된 좁은 구멍으로 분출시키면 온도가 변하는 현상. 분자 간 상호작용에 의해 온도가 변하는 것으로, 공기를 액화시키거나 냉매를 냉각할 때 응용된다.

시키는 별도의 장치 없이 수동으로 작동할 수 있다. 테라헤르츠파에 투명한 소재들, 예를 들어 물기 없는 직물 같은 것은 영상에 나타나지 않는다. 반대로 T선에 불투명한 소재들은 주변의 테라헤르츠선을 반사해 자체적으로 그 선을 내보내므로 카메라에 감지되는 것이다. 말하자면 테라헤르츠 카메라로 옷을 꿰뚫고 신체를 볼 수도 있다. 훔쳐보는 사람들을 조심할 것!

감지 장치의 개발과 더불어 입자 가속기나 나노트랜지스터로 전자의 속도를 높여 강력하게 테라헤르츠선을 비추는 광원이 탄생했다. 이것을 토대로 향후 방사선학 분야에서 흥미로운 응용 성과를 기대할 수 있을 것이다. 사실 테라헤르츠 광자는 X선 광자보다 활동성이 떨어지기 때문에, T선은 이온화 작용을 일으키지 않으며 X선에 내포된 위험성도 없다. 새로운 광원을 이용하면 물체를 투시하고 X선 사진과 유사한 영상을 얻을 수 있는데, 소재가 T선에 대해 불투명할수록 영상은 더 어둡게 나타난다. 그렇게 해서 상자를 열어보지 않고 안에 들어 있는 성냥의 개수를 셀 수 있고, 접은 신문같이 미심쩍은 종이 안의 내용물을 확인할 수 있으며, 충치를 삼차원 영상으로 볼 수 있다. 머지않아 인간의 정신만이 도저히 비춰볼 수 없는 불투명한 세계로 남을지도 모른다.

기차는 긴 터널을 고속으로 관통하면서 불쾌한 효과를 내는 충격파를 일으킨다. 어떻게 하면 그런 충격파를 막을 수 있을까? 초기 음파를 형태가 변하지 않는 파, 이른바 고립파로 변형시키면 된다.

형태가 유지되는 파

초고속 대용량 광통신의 숨은 주역, 광솔리톤

Dugald Duncan – Department of Mathematics, Herio-Watt University, Edinburgh

고속으로 달리는 기차는 터널로 들어가서 대기중에 고압을 발생시키며, 이 고압이 확산되면서 충격파로 바뀐다(그림 1 참조). 승객과 인근 주민들에게 충격파에 따른 진동이나 폭발음 같은 불쾌한 영향을 끼치지 않기 위해 다양한 해결책이 제시되었다. 그중 가장 독창적인 해법이 충격파를 자극이 훨씬 덜한 '고립파'로 전환하는 방법이다. 그런데 고립파는 무엇이며, 어떻게 그 파를 얻을 수 있을까? 깨달음의 광명은 바로 '빛'에서 솟아날 것이다! 이제 주제를 바꿔 형태가 바뀌지 않은 채 수백 킬로미

터의 광섬유를 주파하는 광임펄스, 즉 광솔리톤을 다루려 한다.

관 속에 들어 있는 피스톤처럼 터널 안을 관통하는 기차는 급격하게 공기를 압축하고, 그로 인해 고압이 발생해 터널을 따라 확산된다. 약 1000파스칼(100분의 1기압)에 이르는 이 압력 상태에서 공기는 압축될수록, 다시 말해 압력이 올라갈수록 더 뜨거워진다. 소리의 속도는 온도와 함께 증가하기 때문에, 온도가 동일하지 않은 여러 지대의 고압파는 각기 다른 속도로 이동한다. 이때 고압파는 아주 조금씩 변형되어 압축을 가장 많이 받은 지대에서, 파도의 정점이 부서지기 직전처럼 앞쪽 면을 따라잡게 된다(그림 2 참조).

몇 백 미터를 지난 후에 이 고압파는 줄어들고 그 너비가 거의 두 배가 된다. 그리고 앞면이 돌연 거세게 변해 고압파는 충격파가 된다. 터널 끝에서 그 충격파가 기차와 승객 쪽으로 일부 반사되면서 승객들은 불쾌감을 느끼고 인근 주민들은 천둥소리 같은 굉음을 듣게 된다.

고압파가 충격파로 바뀌는 것을 막기 위해서는 '해일파', 즉 만조 때 부서지지 않고 강을 거슬러 올라가는 파도와 같은 음파를 만들어내야 한다. 1834년 스코틀랜드의 해군 기술자였던 존 스

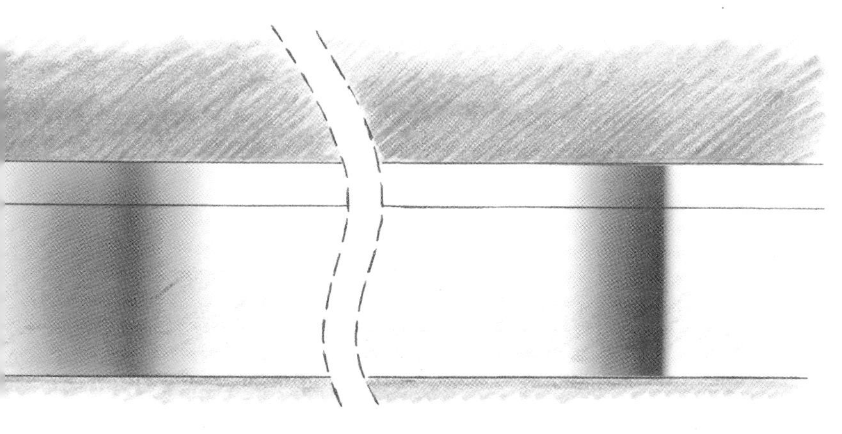

1. 소리의 속도는 온도와 함께 증가한다. 그런데 고압파의 중심 지대에서(왼쪽) 압력은 가장 크고 공기는 더 뜨겁다. 이 지대는 앞쪽 면보다 더 빨리 나아가 2~3킬로미터를 지난 뒤에 파의 전면을 따라잡는다. 이상 고압파는 줄어들어 충격파로 변하고(오른쪽), 압력은 거의 두 배가 된다.

2. 연안 부근에 도달한 파도의 정점은 (기차에 의해 만들어진 고압파의 경우처럼) 앞뒤 부분보다 더 빨리 나아간다. 그래서 이 파도는 변형되어 결국 부서지고 만다. '해일파(수중 솔리톤)'의 경우, 이런 현상은 분산(파장에 따른 속도 변화)에 의해 정확히 상쇄된다.

콧 러셀이 이런 유형의 파를 관찰했는데, 이 파를 일컬어 '고립파(soliton)'라 한다. 당시 러셀은 좁은 운하 안에 갑자기 배가 정지했을 때 약 50센티미터 높이에 10미터 길이의 파도가 형성되는 것을 관찰했다. 그런데 놀랍게도 그 파도는 부서지지 않았다. 러셀은 말을 타고—시속 10여 킬로미터의 속도로—약 15분 동안 이 파를 뒤쫓으며 그 형태가 바뀌지 않는 것을 확인했다.

빛의 '해일파'

하나의 고립파 내에서는 고압파의 경우와 상반되는 효과로 인해 파가 경직되지 않는다. 그 점을 이해하기 위해 광섬유 안에서 확산되는 광임펄스, 즉 광솔리톤을 살펴보자. 터널 안의 고압파와 마찬가지로, 물질 내에서 빛이 확산되는 속도는 파의 강도에 의존하기 때문에 광임펄스는 앞으로 나아갈 때 형태가 변한다. 그래서 임펄스(충격파)의 중심 부분 속도는 그 측면의 속도와 다르다. 이른바 '비선형 효과'라는 이 작용은 무선 이동 통신에 사용되는 빛의 강도에 비해 미미하다고는 해도 수백 킬로미터의 광섬유에 쌓이고 쌓이면 문제를 일으킬 수 있다. 변형된 임펄스가 주변의 임펄스를 겹치게 해 신호 전달의 오류를 초래하게 되는 것이다.

대기중의 고압파와 반대로, 광파의 확산 속도는 강도와 함께 감소한다. 광임펄스는 중심 부근에서 강도가 가장 크기 때문에, 이 지대는 파의 앞쪽이나 뒤쪽 면보다 더 빨리 전진하지 않는다. 그 결과 초기 파의 진동은 뒤쪽에서 조이고 앞쪽에서 느슨해진다. 다시 말해 파장은 뒤쪽에서 줄어들고 앞쪽에서 늘어난다(그림 3 참조).

이때 이른바 '분산'이라는 길항 효과가 관여한다. 물질 내에서 빛의 속도는 파장에 의존하므로 광섬유 내에서 파장이 늘어날 때 확산 속도는 줄어든다. 따라서 임펄스의 앞쪽은 뒤쪽보다 더 빨리 확산되지 않는다. 파장이 짧은 부분이 파장이 긴 부분을 아주 조금씩 따라잡은 다음, 먼젓번의 비선형 효과와는 반대로 장파장

3. 광섬유의 경우, 광임펄스의 강력한 지대가 더 빨리 전진하지 않아서 (a) 앞쪽은 파동이 팽창하고 뒤쪽은 파동이 밀착된다(b). 게다가 단파장은 장파장보다 더 빨리 확산된다(b). 이 두 효과가 서로 상쇄될 경우에 형태를 유지하는 임펄스, 다시 말해 광솔리톤을 얻게 된다(a와 c).

의 성분을 뛰어넘는다. 빛의 강도를 잘 선택한다면 그 두 효과가 정확히 상쇄되어 광솔리톤, 즉 형태를 보존하면서 확산되는 광임펄스가 만들어진다.

그런 고립파는 견고한 실체이다. 만일 초기 강도가 지나치게 세다면, 광임펄스는 변형되고 에너지를 일부 잃기 시작해 결국 수천 킬로미터로 확산되는 고립파를 만들어낸다. 하나의 광섬유 내에 다양한 파장의 여러 고립파를 주입할 수도 있다. 이 고립파들이 다른 속도로 확산됨으로써 충돌을 일으키기도 한다. 그래도 고립파는 충돌이 일어난 뒤에 제각기 독자적인 삶이라도 가진 양, 아주 놀라운 방식으로 자신의 형태를 되찾고 홀로 다시 제 길을 떠난다.

오랫동안 꿈으로 여겨왔던 고립파를 이용한 광통신은 이제 현실이 되었다. 2002년부터 고립파를 이용해 코르시카 섬과 프랑스 본토 간에 부분적으로 통신이 이루어지고 있다. 이 고립파들은 광섬유당 매초 최대 800기가비트를 방출하며, 해저에서 중계기 없이도 350킬로미터의 광섬유 안을 흐른다.

해일파의 경우는 어떠한가? 이 역시 다양한 파장의 파도로 나뉘며, 이런 파도가 다른 속도로 퍼져나가는 것이다. 광솔리톤의 경우와 마찬가지로 두 가지 효과—너비와 관련된 비선형 효과와 파장의 분산—가 서로 상쇄되어 해일파는 확고하게 안정 상태를 유지한다.

여명기에 들어선 음향 솔리톤

그렇다면 대기중의 고압파는? 소리의 속도는 모든 파장에서 동일하기 때문에 분산 효과가 없다. 그래서 음파 중에 자연적인 고립파는 존재하지 않는다. 그렇다면 어떻게 해야 기차 때문에 생겨난 고압파가 충격파로 바뀌지 않을까?

음향 솔리톤을 만들기 위해 오사카 대학교의 스기모토 노부마사(杉本信正) 교수는 분산을 유도하는 방법을 찾아냈다. 바로 관 양쪽에 적합한 크기의 음향 공명기(단순히 빈 공간)를 규칙적인 간격으로 연결하는 것이다. 파장이 한 번의 공명에 해당하는 값에 근접하는 경우, 확산은 지연된다. 공명기의 크기를 잘 선택하면 원하는 분산 효과를 얻을 수 있다. 지금까지 이루어진 여러 실험은 10미터 길이의 관에 한정되지만, 스기모토 교수는 그와 같은 연결법을 활용해 소음이 적은 기계—예를 들어 압축기—를 만들면, 언젠가 소리가 지나는 길로 열이나 다른 형태의 에너지를 전달할 수 있을 것이라고 확신하고 있다.

지진파로 지구 내부의 구조를 파악할 수 있으며, 지진파에서 영감을 얻어 새로운 유형의 모터가 제작되었다.

지진파와 모호면

지구 내부는 어떤 구조로 되어 있을까

데카르트는 과거에 지구가 태양이었으며 '태양체'의 핵 주위에 땅, 물, 대기가 여러 층으로 쌓여 있다고 생각했다. 묘사에 오류가 있긴 해도 원리적인 측면에서 데카르트는 틀리지 않았다! 오늘날에는 지구 내부 구조를 내핵, 외핵, 맨틀, 지각으로 구분하고 있다. 지구물리학자들은 지진파를 활용해 이러한 층을 확인했으며, 지구 내부와 지표면에서 주기적인 변형이 확산되고 있음을 알아냈다. 학자들은 지구의 속성과 지진의 특성을 밝히기 위해 지진파를 연구한다.

실체파

고체는 유체와 똑같이 소리를 전달한다. 철근 빔의 한 끝에 귀를 대고 다른 한쪽 끄트머리를 손가락으로 톡톡 치면 그 소리를 감지할 수 있다. 어떻게 된 것일까? 미미한 충격은 금속 표면을 약간 압축시키는데, 그러면 그 표면은 곧 팽창하면서 이웃한 표면층을 압축하고 그 표면층은 다시 팽창하는 식으로 연속 반응을 일으킨다. 소리는 종파로서, 이러한 메커니즘은 빔의 끄트머리를 넘어 고막에 도달할 때까지 대기중에서 계속 작동한다. 이 파는 통과하는 물질이 단단할수록 더 빨리 이동한다. 반대로 물질의 밀도가 높아 관성이 커지면 그만큼 소리의 속도도 느려진다. 액체에 비해 고체는 더 밀도가 높고 단단한데, 단단한 속성이 우세하게 작용해 소리는 고체 안에서 더 빨리 전달된다. 소리의 속도는 물속에서 초속 1500미터, 벽돌 속에서 초속 3650미터, 그리고 화강암 속에서는 초속 6000미터에 달한다.

고체는 소리와 같은 종파 외에 횡파도 전달한다. 전단력은 결합 지지 부위의 축에 수직으로 길항해 작용하는 힘으로, 이 힘의 특성은 물질의 형태는 변화시켜도 부피에는 영향을 미치지 않는다는 것이다. 액체는 전단력에 저항하지 않으므로 가위로 물을 '자른다고' 해도 흘러가고 만다. 반대로 고체는 전단력을 받으면 대항한다. 다시 말해 가위로 철판을 자르려면 에너지가 필요하다. 고체는 탄성이 있고 전단력에 저항하기 때문에 전단력을 받으면 점점 변형이 확대된다. 종파는 확산 방향과 평행으로 진동하는 반면, 횡파는 수직으로 진동한다.

횡파의 속도를 어떻게 소리의 속도와 비교할 수 있을까? 어떤

소리는 관 내부(공기)보다 관의 주철(고체) 속에서 15배 이상 더 빨리 확산된다. 19세기 초, 프랑스 물리학자 장밥티스트 비오는 파리의 초창기 하수관 안에서 이 사실을 입증했다.

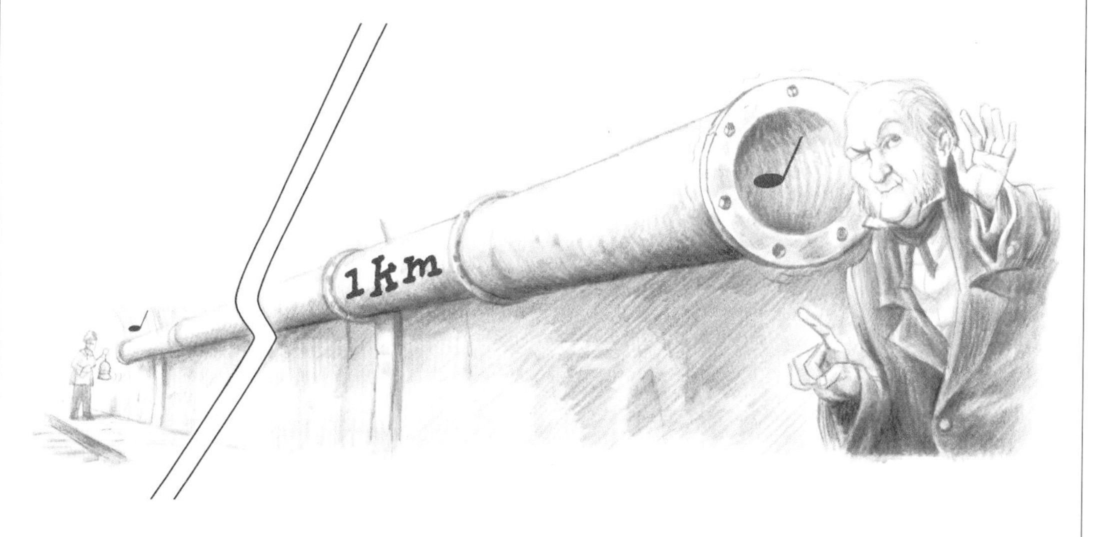

물체든 전단력과 같이 부피에 변화를 주지 않는 작용보다 자신을 압축하는 작용에 더 많이 저항한다. 그래서 고체는 압축력보다 전단력에 덜 저항하며, 고체 내에서 횡파는 종파보다 속도가 느리다. 땅속에서 횡파는 초속 3킬로미터로 확산되는데, 소리의 속도는 초속 6킬로미터이다.

지구물리학자들은 이 두 유형의 파를 이용해 지구의 구조를 연구한다. 지진이 일어나면, 지면이 급격하게 변형되어 종파는 물론 횡파가 만들어진다. 횡파보다 두 배 정도 더 빠른 종파는 앞서 퍼져나간다. 두 파의 수신 시간 차는 두 파가 주행한 거리에 비례한다. 따라서 이 지연 시간을 측정하는 지진계만 있으면 진앙까지 거리를 가늠할 수 있다. 그와 달리 진앙의 위치와 깊이를 '삼각 측량'하기 위해서는 최소한 세 개의 지진계를 지구상의 각기 다른 지점에 두어야 한다.

지진파의 진원을 알고 있을 경우, 지구물리학자들은 지진파가 지구 내부에서 확산되는 방식에서 수많은 정보를 얻어낸다. 지진파는 모든 파와 마찬가지로 성질이나 밀도가 각기 다른 두 매질의 경계면에 부딪힐 때 일부는 반사되고 일부는 전달된다. 1914년경, 크로아티아의 안드리야 모호로비치치는 지진파가 지구 내부로 확산될 때마다 되돌아오는 반향이 무엇을 의미하는지 깨달았다. 지하 70~150킬로미터 깊이에 밀도가 두드러지게 불연속적인 면이 있었던 것이다. 오늘날 '모호면(모호로비치치 불연속면)'이라 일컫는 이 불연속면은 지각과 맨틀을 가르는 경계면이다. 동일한 방식으로 구텐베르크 불연속면이 발견되었다. 안쪽 더 깊은 곳에서 반사되는 이 면은 약 3000킬로미터 깊이에 존재하고 맨틀과 핵 사이에 있다.

지구물리학자들은 외핵이 종파는 전달하지만 횡파는 전달하지

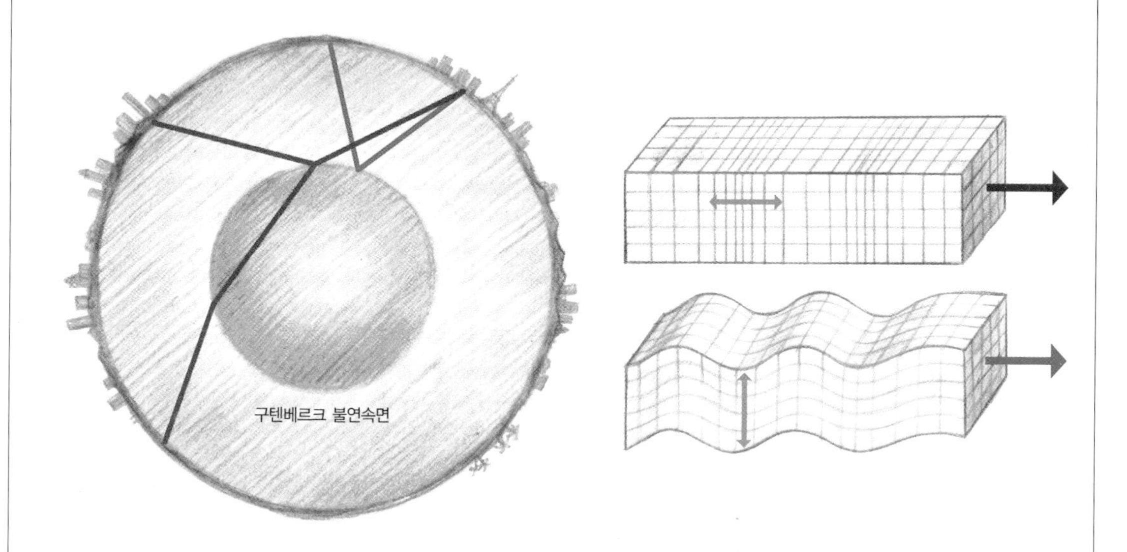

두 유형의 지진파, 즉 종파(빨간색)와 횡파(파란색)가 지구 내부에서 확산된다. 종파는 액상의 외핵 내부로 확산되지만 횡파는 외핵 표면에서 반사된다.

않는다는 놀라운 사실을 확인했다. 외핵은 액체인 것이다! 그런데 더 심도 있게 분석 작업을 추진한 학자들은 외핵의 중심에 구형의 고체인 내핵이 있다는 사실을 알아냈다. 내핵의 반지름은 약 1500킬로미터이다.

표면파

지진이 일어나면 표면에서 확산되는 세 번째 유형의 역학파가 만들어진다. '레일리파'로 알려진 이 표면파는 해수면이 넘실거리는 파랑과 유사하다. 표면파는 수평으로 움직이는 종파와 수직으로 움직이는 횡파가 결합된 것이다. 그래서 레일리파가 지날 때 지상에 있는 물체는 타원형으로 움직인다. 그 물체는 아랫부분에서 파의 방향으로 움직인 다음, 그 꼭대기에서 반대 방향으로 이동한다. 레일리파는 표면에서 확산되기 때문에 그 파가 압축하는 물질이 위쪽으로 빠져나갈 수 있다. 레일리파가 지구를 압축하는 곳에서는 땅이 솟아오르고, 잡아 늘이는 곳에서는 땅이 움푹 꺼진다. 그와 같이 자유롭게 움직이는 것은 지상에 있는 물질 때문이 아니라 대기층이 존재하기 때문이다. 그런 움직임으로 인해 지면의 강도는 약해진다. 전파 속도가 초속 2.7킬로미터에 불과한 레일리파는 횡파보다 느리다. 레일리파는 파랑과 마찬가지로 표면에 머물며 자기 파장에 해당하는 깊이의 표면을 변형시킨다. 레일리파의 에너지는 세 방향이 아니라 두 방향으로 분산되므로 파의 강도가 약화되는 속도가 다른 지진파보다 느리다. 지진 때 발생한 레일리파는 지구를 세 바퀴 돈 후에도 여전히 감지된다.

표면파로는 지구 내부 구조에 대한 구체적인 정보를 얻을 수 없다. 그러나 지진 위험이 주로 표면파에 의해 발생하기 때문에 지구물리학자들은 표면파를 상세히 연구했다. 축적된 지식은 산업 분야에서 그 가치를 발휘하게 되었다. 일본 기술자들은 레일리파 앞에서 아주 특이하게 움직이는 표면에서 착안해 새로운 모터를 만들어냈다. 미세하고 신속 정확한 운동에 아주 적합한 이 모터는 사진기에 많이 이용된다. 전압을 받으면 변형되는 압전기 세라믹 위에 이동 부품을 놓는다. 고정되어 있는 세라믹에 주파

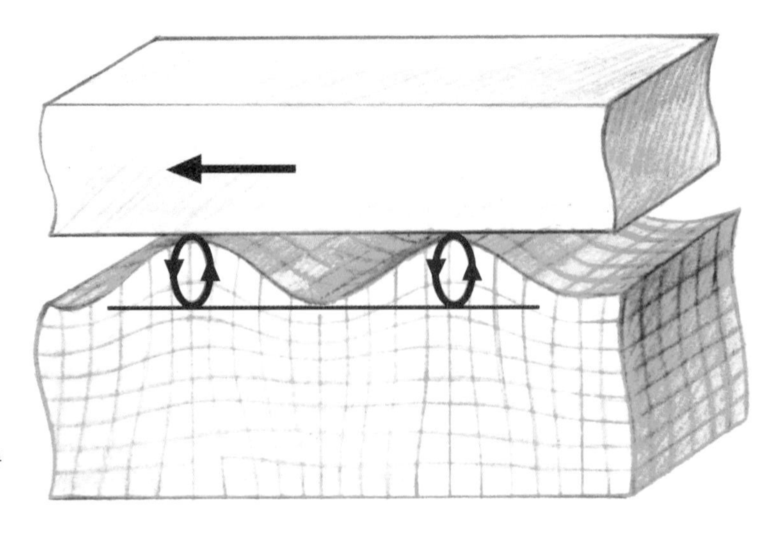

이 모터에서 위에 있는 이동 부품은 레일리파의 정점을 구른다.

수 20킬로헤르츠 이상의 전류를 가하면 레일리파는 표면을 진동시키면서 확산된다. '파의 정점' 위로 들어올려진 이동 부품은 그 정점과 함께 움직이는 반면, 정점의 둥그스름한 부분은 뒤쪽으로 '회전'한다. 전류를 중단하면 세라믹은 즉시 평평해지고, 부품 간의 마찰로 인해 더 이상은 움직이지 않는다. 레일리파가 단순히 우리의 집을 지표면에서 옮기는 게 아니라 파괴해버린다는 것이 참 유감스럽다!

자기 기억 암석

자기마당 정보를 이용한 화산암의 연대 측정법

어떤 물질은 냉각되면서
주변 자기마당에 대한
기억을 간직한다.
이렇게 저장된 정보를 통해
화산암의 연대를 측정할 수 있다.

고고학자들은 수천 년 전에 구운 벽돌의 자기(磁氣) 기억을 읽어내며, 지질학자들은 수백만 년 전의 화산암에서 지자기마당이 남긴 흔적을 해독한다. 자기 기록의 원리를 이해하면, 암석과 새로운 기록 매체인 광자기 메모리가 어떻게 그처럼 이례적으로 긴 시간 동안 정보를 간직하는지 알 수 있다.

자기 기록을 실현하기 위해서는 안정적으로 계속 자력을 띨 수 있는 소재가 필요하다. 우리 눈에 보이지 않는 미시 세계에는 쉽게 자력을 만들어내는 여건이 갖춰져 있는 것 같은데, 이상하게도 그런 소재는 별로 흔치 않다. 전자는 제각각 하나의 작은 나침반이라 할 수 있다. 게다가 전자는 원자의 핵 주위를 돌며 자석의 경우와 유사하게 원형의 흐름을 형성한다. 그렇지만 대부분의 물체 안에서 어떤 분자의 기본 자력은 파울리의 배타 원리에 따라 정확히 상쇄된다. 다시 말해 한 방향으로 도는 전자는 제각기 다른 방향으로 도는 전자와 쌍을 이룬다. 그렇게 해서 유리나 목재와 마찬가지로 물은 자기마당의 영향을 거의 받지 않는다.

보자력

알루미늄이나 산소 같은 몇몇 물질만이 미시 세계에서 자력을 드러내는 이른바 상자성(常磁性) 물질이다. 이 물질들은 강렬한 자기마당에 노출되면 약한 자력을 띤다. 자기마당이 자침의 방향을 정하듯이 동일한 방향으로 분자자석의 방향을 정하기 때문이다. 이 경우 미미한 자력이 한데 모여 자기마당의 방향을 따라 상당히 큰 자력을 만들어낸다. 그 자력은 자기마당이 제거되면 곧바로 사라지는데, 열 운동에 의해 충돌이 발생해 미미한 자력들이 즉시 무질서하고 불규칙한 방향으로 향하기 때문이다.

자기 기록을 위해서는 다행스럽게도 산화철 같은 몇몇 예외가 있다. 미시 세계에서 자력을 띠는 산화철에는 다른 속성이 추가된다. 다시 말해 결정 구조 내에서 서로 이웃한 원자의 전자들은 아주 강력한 정전기 작용을 일으키고, 이 작용 덕분에 열 운동에도 불구하고 같은 방향으로 기본 자력이 정렬된다. 산화철뿐만 아니라 강철이나 니켈합금 같은 또 다른 '강자성(强磁性)' 물질에도 이러한 속성이 있다. 그러한 물질의 내부에서 기본 자력은 차츰 결정 입자의 차원에서 정렬된다. 그런 강자성 소재 안에 정보를 기록하기 위해서는 강력한 자기마당에 노출시켜 자력을 띠게 하면 된다. 그때 소재를 구성하는 모든 입자의 자력이 자기마당의 방향으로 움직인다. 그래서 자기마당이 제거되더라도 상당한 자력이 남게 된다. 이러한 '잔류 자력'은 안정성이 뛰어나 미미한 자기 교란에는 거의 영향을 받지 않으며, 반대 방향의 강렬한 자기마당만이 그 자력을 변화시킬 수 있다. 강자성 물질의 자력을 상쇄할 수 있는 최소 자기마당이 보자력이다.

테이프나 하드 디스크, 그 밖의 디스켓 같은 자기 기록 매체에는 자력을 띠지 않는 바탕 면에 강자성 소재의 얇은 막이 입혀져 강자성 입자들이 들어 있는 매체에 자기마당을 가해 기록한다. 광자기 메모리의 경우, 기록 헤드에서 만들어지는 자기마당은 단독으로 기록 매체의 자력을 바꿀 수 없다(a). 기록 매체에 열을 가하면 열 운동에 의해 기본 자력 간 상호작용이 깨지며, 바깥쪽 자기마당은 약한 자력을 만들어낸다(b). 퀴리점 아래로 다시 온도가 내려갈 때, 그 매체는 자기마당 방향으로 강력한 자력을 얻게 된다(c).

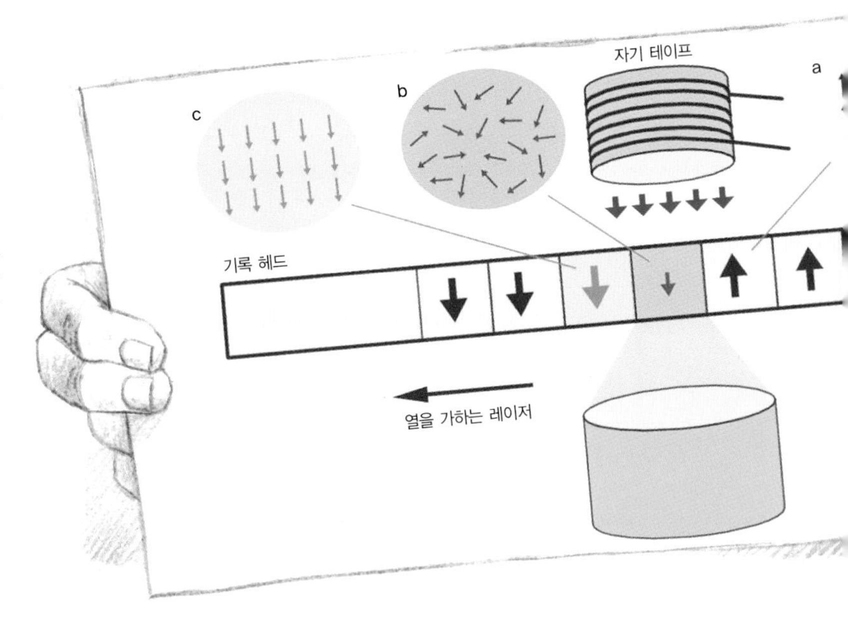

있다. 이런 강자성 소재의 보자력은 매우 약해서 기록 헤드에서 만들어진 자기마당이 그 자력을 변화시키게 된다. 판독 헤드에 자력을 띤 지대들이 배열됨으로써 전류를 유도해 기록 정보를 읽을 수 있는 것이다. 이런 소재가 자력을 보존하기 위해서는 보유하는 보자력이 지자기마당(50마이크로테슬라)과 주변에서 발생하는 자기마당(예를 들어 전기 기구에서 만들어지는 자기마당)보다 큰, 약 0.1테슬라가 되어야 한다.

'퀴리 온도'의 구실

어떤 암석에는 자기마당의 영향으로 자성을 띠는 강자성 화합물(산화철, 자철석, 적철석)이 함유되어 있다. 그런 강자성 물질의 보자력은 지자기마당보다 크기 때문에, 지자기마당은 소재의 온도가 아주 높은 경우 외에는 그 물질들에게 자력을 주지 못한다. 피에르 퀴리(1859~1906) 덕택에, 어떤 물질에 열을 가하면 그 강자

성이 감소하다가 결국 사라지고 만다는 사실을 알게 되었다. 이른바 '퀴리점'이라는 이 온도를 넘으면, 열 운동이 이웃한 원자들 간의 상호작용보다 우세해져 소재는 상자성 물질이 되어 자력을 고정할 수 없다. 자철석과 적철석의 퀴리점은 각각 섭씨 575도와 섭씨 675도이며, 녹는점은 그보다 높다.

그렇게 해서 흘러내리는 화산암의 암석이 굳기 시작할 때, 암석에 함유된 자철석 미립자들은 상자성을 띤다. 지자기마당으로 인해 입자들에는 공통으로 미미한 자력이 생기게 되며, (일단 온도가 다시 퀴리점 아래로 떨어지면) 그때부터 개별 입자의 자력이 정렬되고 증가한다. 적철석을 많이 함유한 화산암이 상온에 이르면 강력하고 안정적인 자력을 띠게 되어, 그 화산암에는 형성 당시에 퍼져 있던 자기마당의 흔적이 보존된다. 이러한 정보를 활용해 지구물리학자들은 지난 400만 년 동안의 자극 변위는 물론, 지자기마당의 변화 양상을 추적한다. 학자들은 그 기간 동안 자극이 여러 번 역전되었음을 명확히 밝혀냈다. 맨틀에서 나온 용암은 중앙해령을 통해 올라오는데, 학자들은 또 이런 식으로 중앙해령 양편에서 해저가 형성되는 속도를 측정한다.

암석의 온도가 퀴리점을 넘어서 암석의 자력이 지워질 경우, 새로운 정보(다시 말해 새로운 자력)가 기록된다. 벽돌이나 세라믹 소재도 자철석 입자의 경우와 마찬가지다. 벽돌은 구워질 당시에 퍼져 있던 지자기마당의 기억을 전해준다. 그런데 이 자기마당의 변화는 최근 2000년 동안의 것이기 때문에, 오랜 세월 여러 물체에 간직된 지자기 기억을 통해 연대 측정이 가능하다.

오늘날에는 테르븀, 코발트, 페라이트 등을 원료로 합금을 만들어낸 이후 등장한 새로운 유형의 메모리에서 이런 기록 방식을 찾아볼 수 있다. 이런 합금은 퀴리 온도가 비교적 낮으며(약 섭씨 200도) 상온에서의 보자력은 크다. 이러한 '광자기' 메모리의 경

화산암은 냉각되면서 지자기마당에 의해 자성을 띤다. 지질학자들은 오래된 화산암의 자력을 측정해 여러 시대에 걸친 변화 과정을 재구성했으며, 지난 400만 년 동안 지구 자극이 네 번 역전되었음을 밝혀냈다.

우, 에너지가 미미한(몇 밀리와트) 레이저 빔으로 기록 매체에 퀴리 온도 이상의 열을 가한다. 그러면 약한 자기마당으로 충분히 가열된 지대에 자력을 줄 수 있으며, 자력을 띠는 지대의 크기는 예전에 기록을 담당하던 전자석보다 훨씬 더 작아 레이저 광점만 하다. 그렇기 때문에 광자기 메모리의 저장 용량은 엄청나게 크다. 그래도 이 매체가 화산암만큼 오랜 기억을 갖게 될는지는 미래의 고고학자들만이 이야기할 수 있을 것이다.

자기 방호판

우주에서 날아드는 입자로부터 지구를 지켜주는 방패

미래형 원자로인 국제열핵융합실험로와 적도 상공에서 멀리 떨어진 밴앨런대 안에는 하전입자들이 자기마당에 의해 갇혀 있다.

NOAA Photo Library

매초 수십억 개의 우주 입자가 아주 빠른 속도로 지구에 들이닥친다. 다행스럽게도 유형의 방패는 아니지만 자력을 띤 방호판이 이렇게 쏟아지는 입자에서 우리를 보호해준다. 지구상에서는 역시나 왕성하게 활동하는 수십억 개의 입자들이 제어 가능한 3억 도의 융합 원자로에서 플라스마가 된다. 엄청난 폭발력을 지닌 이 플라스마 역시 자기 방호판에 의해 갇혀 있다. 어떻게 그럴까?

밴앨런대

지자기마당은 전자, 양자, 우주에서 빠르게 날아드는 다른 입자들의 방향을 우회시켜 한 방향으로 유도한다. 우주선(宇宙線)에 대하여 이렇게 보호를 받지 못한다면, 지상의 생명체는 존재할 수 없을 것이다. 그리하여 엄청난 양의 전하가 밴앨런대(Van Allen belt) 안에 갇히게 되는데, 밴앨런대는 적도 상공에서 지구 반지름의 몇 배에 해당하는 지점에 위치해 있는 도넛 모양의 광대한 지대이다. 밴앨런대 안의 입자들은 에너지와 질량 그리고 전하에 따라 서로 다르게 분포하지만, 모두 비슷한 운동을 한다.

그 입자들의 이동 경로를 분석하기 위해 초속 3만 킬로미터로 이동하는 전자 하나를 따라가보자. 언뜻 복잡해 보이는 전자의 운동은 세 가지 움직임으로 나뉘며, 그 세 움직임은 각기 다른 리듬으로 이루어진다. 1000분의 1초를 다시 나눌 정도의 아주 짧은 시간 동안, 전자는 반지름 500미터의 원을 주행한다. 전자가 주행하는 원의 중심은 6초에 한 번씩 북극과 남극 사이를 오간다. 마침내 전자가 왕복 운동을 하는 호는 동쪽 방향으로 움직여 사흘만에 지구를 한 바퀴 돈다.

전자는 지자기마당으로 인해 빠르게 원 운동을 한다. 지자기마당은 전자에 그 전하와 속도뿐만 아니라 강도에 비례하는 힘을 가한다. 이러한 힘은 자기마당 그리고 전자의 속도와 수직을 이루며, 그 힘 때문에 전자의 속도가 떨어지지는 않지만 자기마당이 강렬할수록 전자의 이동 경로는 그만큼 더 휘어진다. 만일 초속도(初速度)가 자기마당에 수직이라면 전자는 원 운동을 한다. 다시 말해 3만 2000킬로미터 상공(지구 반지름의 다섯 배를 약간 웃도는 거리)에서는 지자기마당이 10^{-7}테슬라에 지나지 않아 초속 3만 킬로미터로 이동하는 전자가 반지름 500미터의 원을 주행하는 것이다. 프랑스나 일본에서 건조될 예정인 국제열핵융합실험로(ITER), 즉 대형 토카막의 경우 단지 몇 세제곱미터의 공간에 플라스마를 가둬놓아야 하기 때문에 자기마당은 약 5테슬라로 굉장히 강력하다. 플라스마 입자의 에너지는 앞서 예를 든, 우주에서 날아드는 전자의 에너지와 비교될 수 있다. 이 전자는 그 자기마당 안에서 지름 약 50마이크로미터의 원을 주행한다.

자기마당은 오로지 그 방향과 수직을 이루는 면 안에 하전입자를 가둬둔다. 자기마당이 균일하다면 그 입자는 자기마당의 방향

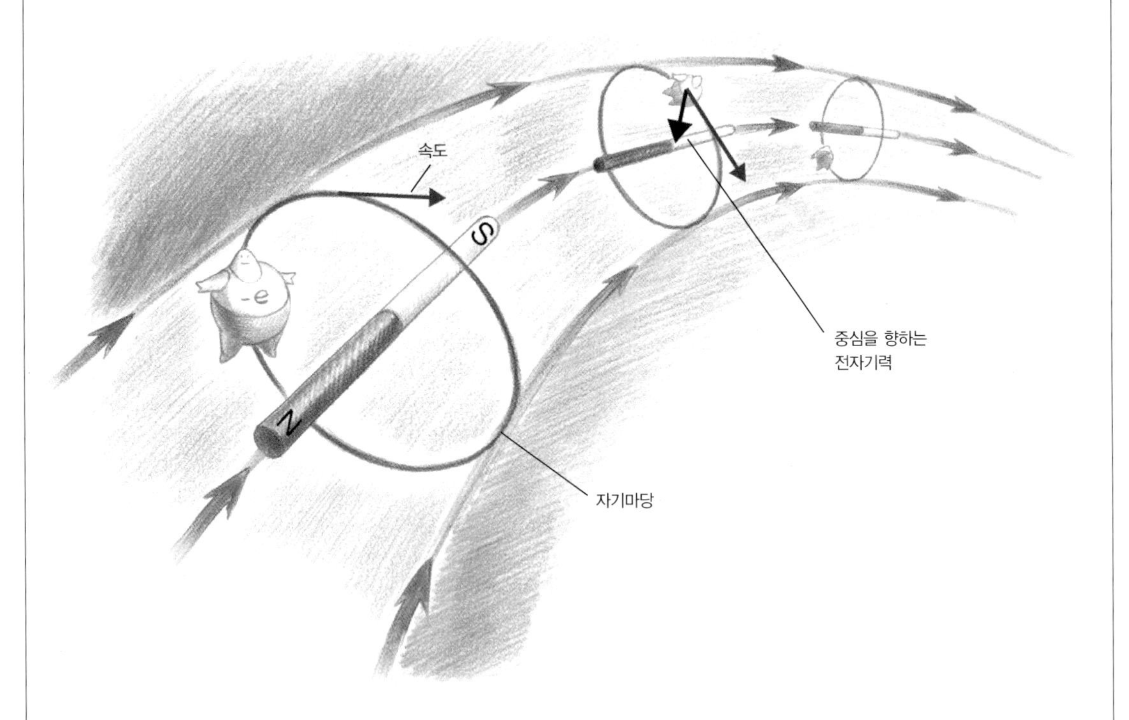

1. 자기마당으로 인해 전자는 그 주위를 돌게 된다. 그렇게 해서 만들어진 원환 흐름은 자기력선(주황색 화살표)을 따라 미끄러지는 작은 자석에 비교할 수 있다.

으로 빠져나갈 수 있다. 하지만 자석의 자기마당과 유사하게 지자기마당도 균일하지 않기 때문에, 밴앨런대에 갇힌 전하는 그럴 수가 없다. 전자 대신 그에 상응하는 자석으로 지자기마당 내 전자의 행태를 적절하게 분석할 수 있을 것이다. 전자의 원 운동으로 생기는 흐름이 가상의 자석을 만드는데, 우리는 그 전자석을 자기마당에 나란한 작은 막대자석으로 생각할 것이다. 전자가 원에서 회전하는 방향에 따라 이 자석의 남북이 결정된다. 나침반과는 반대로 자석의 남극은 지구 자석의 S극, 다시 말해 지리상의 북극을 가리킨다. 이 경우 우리가 예로 든 전자가 지자기마당에서 하는 운동을 쉽게 묘사할 수 있다. 전자 회로에 해당하는 자석은 늘 지자기마당과 평행을 이룬다. 반지가 실을 따라가듯 그 자석은 자기력선을 뒤따른다. 그런데 지구의 자력선은 자석의 S극(지리상의 북극)에서 나와 안쪽으로 휘어지고 결국 다시 자석의 N극 쪽으로 한데 모인다. 전자가 지구의 북극에 도달할 때, 전자에 해당하는 자석의 남극과 지구 자석의 남극이 마주해 서로 밀쳐낸다. 전자는 갔던 길을 되돌아오며, 다른 극에서 동일한 상황이 다시 벌어진다. 그렇게 해서 전자는 역선이 들어 있는 자오면의 두 극 사이를 왕복 운동한다.

자기 이동

대개 방향 전환점은 아주 높은 고도(약 300킬로미터)에 존재하며, 전자들은 대기의 분자나 이온과 전혀 상호작용하지 않는다. 지자기마당의 이상으로 이 고도가 낮아질 때, 에너지가 넘치는 전자들은 상층 대기의 이온이나 분자들과 부딪혀 에너지를 그 이온과 분자들에게 넘겨준다. 이 에너지가 빛의 형태로 다시 방출되는 것이 북극광, 즉 오로라이다.

이러한 자기 거울 효과로 우주선에서 나온 입자들은 삼차원 공간에 갇힌다. 동일한 원리로 제어 가능한 융합 원자로가 고안되

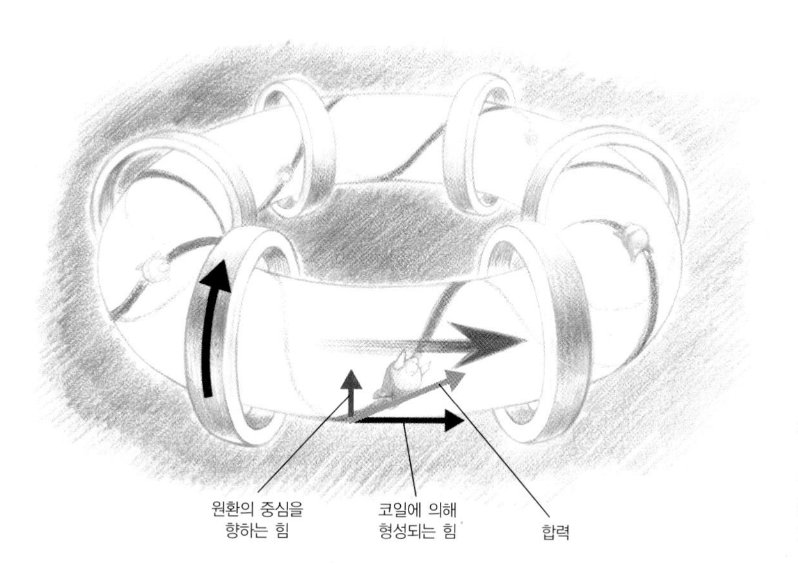

2. 국제열핵융합실험로를 비롯한 '토카막' 장치에서 하전입자들은 원환면 안에 갇혀 있다. 그 입자들은 나선형의 자기력선 위를 굴러가며 자기 이동을 상쇄시킨다.

었는데, 이 원자로에서 플라스마는 아주 엄청난 간극의 두 자극 사이에 갇혀 있다. 하지만 국제열핵융합실험로를 비롯한 토카막 장치에서는 이러한 방식 대신 새로운 방식을 채용하고 있다! 그림 2와 같이 원환면에 코일을 감아 형성된 자기력선의 원들은 축이 동일하며, 입자들은 나선형의 자기력선 위를 굴러간다.

그렇지만 입자들은 한 역선에서 다른 역선으로 방향을 틀어 원자로의 원환면에서 빠져나오게 된다. 지자기마당 내에서도 동일한 현상이 일어나고, 이 현상은 고도가 낮아지면서 감소한다. 전자는 거의 원 운동을 하는 동안 지구에서 가까워졌다가 멀어졌다 한다. 전자가 지구에 근접하면(이때 전자는 서쪽으로 이동한다) 자기마당이 강력해지면서 전자의 이동 경로가 더 많이 휘어진다. 반면 전자가 지구에서 멀어지면(이때 전자는 동쪽으로 이동한다) 자기마당이 약해지면서 전자의 이동 경로는 더 적게 휘어진다. 극

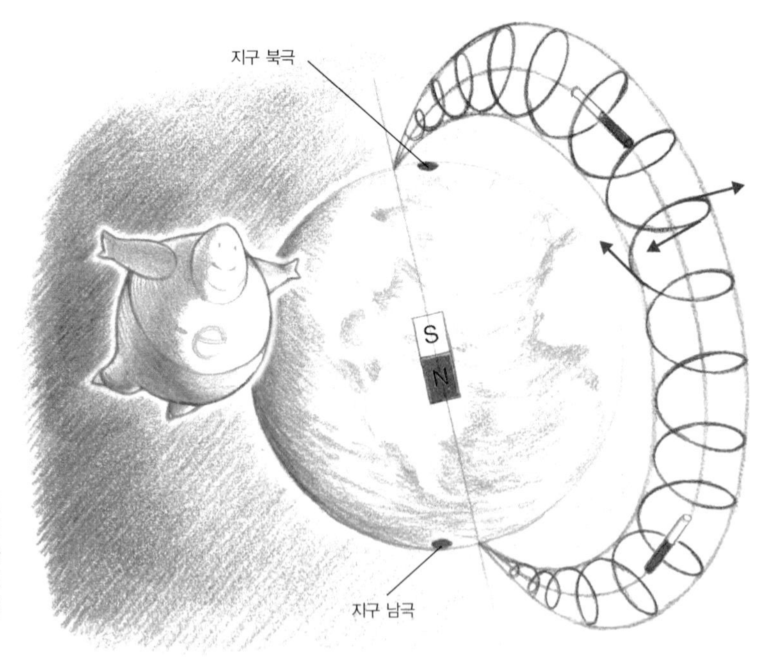

3. 전자들은 북극에서 나와 남극에 모이는 지자기마당의 역선에 의해 한 방향으로 유도된다. 작은 막대자석에 해당하는 전자는 한 극에 도달할 때마다 지구 자기에 의해 밀려난다.

히 미미한 이 작용으로 인해 전자는 동쪽을 향해 한 역선에서 다른 역선으로 이동하게 된다. 두 번째 현상, 다시 말해 두 극 사이에서 전자가 뒤따르는 역선의 굴절에 의해 유도되는 원심력이 자기 편향에 한몫한다. 원심력과 자기마당이 결합하여 동쪽으로 표류하게 되며, 지구 주변으로 전류를 유도한다. 이 전류에 의해 추가로 만들어진 자기마당은 아주 불안정하다. 그 자기마당이 내려갈 때 하전입자들을 끌고 가서 우리가 살펴본 대로 북극광을 만들어내고 무선 이동 통신을 교란시킨다.

'토카막'과 환상 역선의 경우, 원환면의 축을 따라(예를 들어 위쪽으로) 이루어지는 이동 속도가 초속 몇 미터에 달하게 되면 입자를 제대로 가둬두지 못한다. 그래서 원환면 내에서 나선형의 역선을 만들어준다. 원환면의 윗부분에 있을 때, 입자들은 자기 이동에 따라 좀더 큰 원환면 쪽으로 끌려간다. 나선형 운동으로 입자들은 다시 원환면 아래쪽으로 실려가고, 자기 이동으로 또다시 초기 원환면 쪽으로 올라가게 된다. 이렇게 나선형 역선에 의해 자기 이동의 누적 효과가 상쇄된다. 플라스마 내에서 어떤 흐름을 유도하는 추가 코일을 활용해 고리 안에 나선형 마당을 만든 것이다.

서로 다른 소재가 접촉하면
정전기를 띤다.
이 때문에 불쑥불쑥 불쾌한
방전이 일어나기도 하지만,
그런 현상이
유용하게 쓰이는 경우도 있다.

집 안에서 일어나는 방전

복사기와 우주선에 적용되는 '마찰전기' 현상

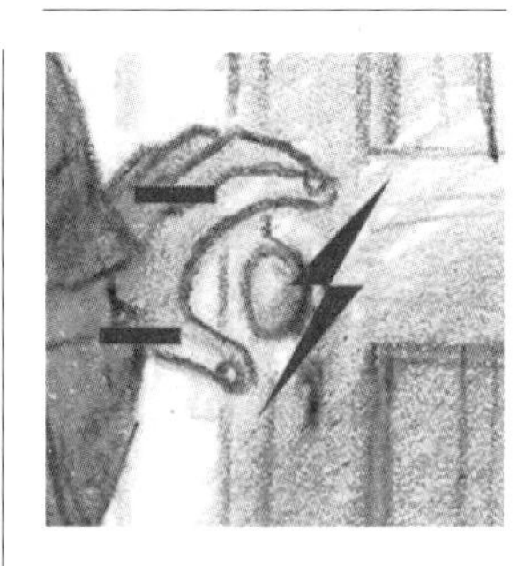

여러분이 사귀는 이성 친구가 막 도착했다. 포옹하는 순간, 입술이 그 사람의 살갗에 닿기도 전에 여러분은 찌릿찌릿 약하게 전기가 통한다고 느낀다. 흥분하지 마시라. 전기가 조금 발생한다고 해서 그리 대단한 사랑은 아니니까! 접촉이나 마찰 때문에 정전기가 생겨서 그런 것이다. 이런 현상이 알려진 시기는 기원전 6세기로 거슬러 올라간다. 당시 그리스 사람들은 견직물에 문지른 호박(琥珀)이 짚을 약간 끌어당긴다는 사실을 눈여겨 보았다.

접촉에 의한 대전 현상이 꼭 불쾌한 느낌을 일으키는 것만은 아니며, 복사 같은 중요한 분야에 응용된다. 그리스인들이 주목한 그 소소한 대전 효과에서 '전기 마법'의 지배를 받는 현대 세계가 탄생한 것이다!

어떻게 그런 현상이 일어나는 것일까? 크레이프 직물로 만든 실내화를 신고 양탄자 위를 걸어가면, 뒤에 전하를 띤 발자국이 죽 남아서 우리는 내딛는 걸음마다 전하를 회수할 수 있다(그림 1 참조). 우리 몸에 쌓이는 총 전기량은 약 10^{-7}쿨롱으로 대개 아주 미미하다. 1조 개의 기본 전하량에 해당하는 양이다. 그러나 그 정도로도 충분히 우리 몸의 전압은 잠재적으로 1500볼트(습한 날씨)에서 3만 5000볼트(건조한 날씨)까지 이를 수 있다.

친화력의 문제

그래서 우리 신체의 일부—예를 들어 손—가 전도체에 다가가면 전기 불꽃이 튄다. 손과 그 도체 사이 좁은 공간의 전기마당이 공기의 최대 절연 전압인 1밀리미터당 3000볼트를 초과한 것이다. 공기 분자들이 이온화하고, 전기마당의 영향으로 이온은 이동하면서 전류를 생성한다. 이 전류는 몇 십억 분의 1초 동안 몇 암페어에 달할 수 있다. 방출된 에너지가 미미하고 우리에게는 위험

1. 걸어가면서 발이 바닥에 닿기만 해도 신체와 바닥 간에 전하가 전이된다. 신체와 바닥(도체)의 간격이 아주 작을 경우, 축적된 총 전기량으로도 충분히 그 둘 사이에 약한 스파크가 일어날 수 있다.

하지 않다고 해도(어쨌든 그로 인해 불쾌감이 들긴 한다), 그 에너지는 전자 부품에 치명적인 영향을 끼칠 수 있다.

'마찰전기'라는 이러한 현상으로 전하들이 쌓이는 것이다. 마찰전기 현상의 원인은 무엇일까? 원자핵의 양전하가 전자군의 음전하에 의해 상쇄되기 때문에 원자는 중성이다. 한편 원자는 전자에 대해 큰 친화력을 갖고 있는데, 그 성질에 따라 친화력은 다소 차이가 난다. 예를 들어 산소는 전자들을 쉽게 끌어 모으는 반면, 칼슘은 전자들을 넘겨주는 경향이 있다. 세밀하게 관찰하면 결함, 불순물, 소재의 특정 구조로 인해 복잡한 상황이 전개된다. 그래도 여전히 전자에 대한 친화력이 달라서 맞닿는 두 소재 간에는 보편적으로 전하가 전이된다.

각종 물질을 서로 마찰해 전자에 대한 친화력이 큰 순으로 그 소재들을 분류할 수 있다. 예를 들어 모피, 유리, 운모, 양모, 석영, 호박, 고무, 셀룰로이드 등으로 분류가 가능하다. 이 목록은 표면 상태, 습도나 마찰에 상당히 의존하기 때문에 여기 제시된 순서 그대로 받아들여서는 안 된다.

꼭 마찰하지 않더라도 맞닿기만 해도 전하는 전이된다. 예를 들어 책이나 상자를 싼 얇은 막을 제거할 때, 우리는 그 막이 주변 물질에 의해 강하게 끌린다는 사실을 확인할 수 있다. 그 막은 마찰 없이 다른 표면과 밀착해 있는 동안 자연스럽게 대전되었고, 그로 인해 생겨난 전기마당 때문에 접착 현상이 일어난 것이다.

그렇게 얻어진 전기량은 대개 아주 미미하다. 정밀하게 관찰하면 표면이 우툴두툴하기 때문에 두 소재의 실제 접촉면은 겉으로 보이는 면적에 비해 아주 작다. 두 물체를 맞대어 강하게 누르거나 마찰하면 실제 접촉면이 늘어나고 접촉 지점들이 끊임없이 바뀌어 그 접촉 지점에서 전하가 전이된다. 이때 실제 접촉 면적이

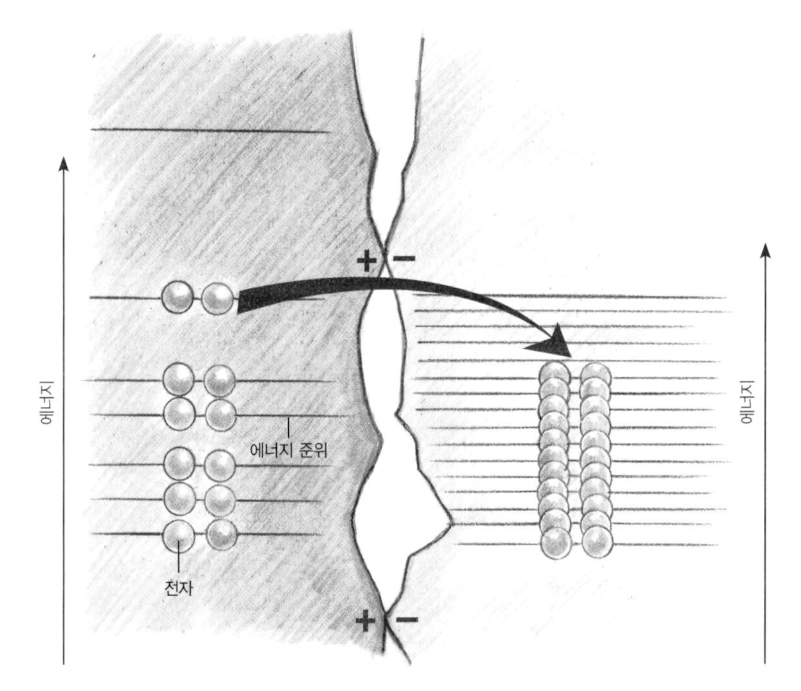

2. 서로 다른 두 소재 내에서 전자들의 에너지 준위는 차이가 난다. 두 소재가 접촉하면, 전자 에너지가 더 낮은 다른 소재로 전자 전이가 유도된다.

상당히 늘어나면서 축적된 전기량이 그만큼 증가한다.

접촉이 일어날 때, 대개 이온보다 운동성이 강한 전자가 이동한다. 전자들은 자신의 에너지를 줄이기 위해 한 물체를 벗어나 다른 물체로 옮겨간다(그림 2 참조). 그런데 전이되는 동안 두 표면 간의 전하 차이로 인해 전위차가 커지며, 그러한 차이가 전하의 운동과 대립하여 결국 초기 에너지 차를 상쇄한다. 그때 자체적으로 전이가 중단된다.

대전되는 동안 전하들은 접촉 지점 근처에 자리를 잡는다. 일단 소재 사이의 간격이 벌어지면, 물체나 그 표면이 전기를 전도할 때 전하는 물체 전체에 분포될 수 있다. 반대로 절연체의 경우, 전하들은 모습을 드러낸 곳에 그대로 남아 있는다. 그 경우에 누적된 총 전기량은 1세제곱밀리미터당 10^{-11}~10^{-9}쿨롱이며, 이는 1세제곱밀리미터당 1억~100억 개의 기본 전하에 해당한다. 1세

3. 작은 강철구들은 복사기 내에서 토너의 미세한 입자들과 뒤섞이며, 서로 달라붙은 입자들은 접촉에 의해 대전된다. 자석으로 결합되어 있는 강철구와 미세한 입자들이 끌려가 실린더의 광전도 표면(왼쪽)에 닿게 된다. 거기서 복사할 자료 영상이 토너의 미립자 신호와 상반되는 전하의 신호로 인쇄되는데, 이 미세한 입자들이 고정되어 미리 대전된 지점에서 실린더의 표면을 어둡게 하는 것이다.

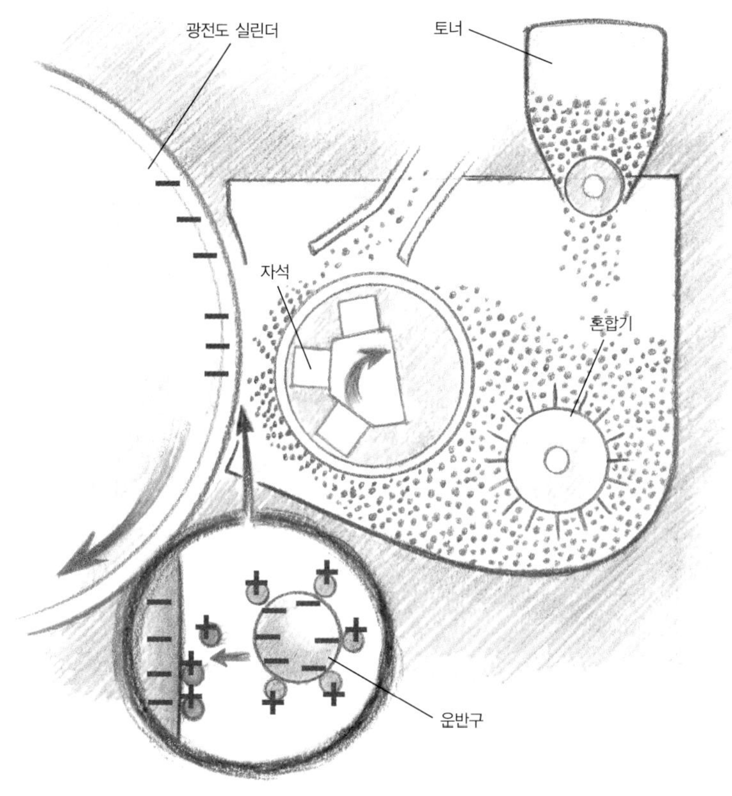

제곱밀리미터 상의 원자 수는 약 10조 개이기 때문에 원자 1000개에 많아야 기본 전하가 하나인 셈이다.

접촉에 의한 대전 현상은 어디에 쓰이는가? 너무 작아서 기계식 공정으로 제어할 수 없는 입자들을 대전시키는 데 쓰인다. 그러한 용도를 가장 잘 보여주는 예가 바로 복사기다. 복사기의 잉크나 '토너'는 중합체의 미세한 입자(지름 10마이크로미터)이다. 이 입자들은 안료로 착색되어 있으며, 작은 강철구와 뒤섞여 대전된다. 정전기력에 의해 토너 입자들은 강철구에 붙어 있다가 광전도 실린더 표면에 고정되는데, 전기를 띤 이 표면에는 복사할 자료의 압흔이 정전기 형태로 들어 있다(그림 3 참조).

복사기 또는 우주 탐사선

또 다른 응용 사례로는 매연 여과 장치를 들 수 있다. 매연의 미세한 그을음 때문에 마이크로 필터는 제 기능을 못한다. 연소로 인한 각종 부산물을 아주 미세하게 벌어진 두 판 사이로 통과시키면 그을음 입자들이 판에 부딪힌다. 입자들이 대전됨으로써 전기 마당만을 활용해 그 입자들을 끌어 모을 수 있고, 심지어 분류할 수도 있다(탄소 그을음은 여러 광물 분진의 신호와 반대로 대전된다).

끝으로, 이 마찰전기는 향후 우주선의 화성 탐사 임무에서도 주요한 관심사로 떠올랐다. 행성의 먼지가 우주 탐사선에 닿아 대전되면서 들러붙기 때문이다. 어떻게 하면 먼지로 인해 태양 집열판이 혼탁해지는 것을 막을 수 있을까? 기계를 이용한 작업이 까다로워서, 몇 가지 제시된 해법 가운데 하나는 모든 분진이 동일한 신호의 전하를 얻을 수 있도록 외장재를 선택하는 것이다. 그러고 나서 그 판에 동일한 극성(極性)으로 전기를 통하게 하면 이 분진들을 밀쳐낼 수 있을 것이다.

유체 속에는
상당히 미세한 입자들이
부유하고 있다.
원심 분리법으로
중력을 인위적으로 늘려주면
그러한 입자들은 어쩔 수 없이
가라앉게 된다.

터키 커피를 원심 분리하라!

아인슈타인과 브라운 운동

G. Courty

유체에서 부유하는 미세한 입자들은 어떻게 분리해낼 수 있을까? 터키 커피 애호가들은 커피가 나왔을 때 자신들이 그렇게 하듯 잠시 참고 기다리면 된다고 대답할 것이다. 미세하게 빻은 커피 알갱이들은 중력의 영향으로 천천히 잔 바닥에 가라앉는다. 그렇지만 아주 미세할 경우에는 무한정 부유하게 된다. 왜 그럴까? 그리고 어떻게 하면 떠다니는 알갱이를 가라앉힐 수 있을까?

액체 속에 들어 있는 입자의 행태를 그 크기에 따라 살펴보자. 커피 잔 속에서 알갱이 하나는 주변의 물로부터 두 가지 힘, 즉 부력과 자신의 속도에 반대로 작용하는 마찰력을 받는다. 액체의 압력은 깊이와 함께 증가하므로 액체 속 물체의 다양한 표면은 그 면이 아래쪽에 있을수록 더 큰 힘을 받는다. 결국 액체에 잠긴 물체는 위쪽으로 작용하는 부력을 받으며, 이 힘은 밀려나는 액체의 무게와 같다.

커피 알갱이들은 물보다 밀도가 낮기 때문에 전부 떠다닌다. 볶은 커피에는 구멍이 숭숭 뚫려 있고, 그 속에 많은 공기(약 50퍼센트)가 들어 있다. 아주 곱게 빻았을 때는 거의 모든 구멍에 물이 들어찬다. 그러면 커피 알갱이는 물보다 약간 더 밀도가 높아지고, 부력이 그 무게의 80퍼센트 정도만을 상쇄해 커피 알갱이는 가라앉게 된다.

저지당한 물체의 낙하

마찰력은 유체의 점성 때문에 생긴다. 알갱이들이 작고 속도가 아주 느리기 때문에, 그 주변에서 유체는 완만하게 흐른다. 이런 경우, 마찰력은 알갱이의 속도와 그 지름에 비례한다. (부력으로 줄어든) 알갱이는 제 무게를 지탱하지 못하고 가라앉는다. 알갱이가 낙하하는 속도는 운동 방향의 반대로 작용하는 마찰력과 알갱이에 작용하는 중력이 같아질 때까지 증가한다. 질량은 알갱이의 부

커피 잔 안의 부력은 알갱이들의 무게를 완전히 상쇄하지 못하고, 이 알갱이들은 물에서 마찰력을 받으면서 고을수록 더 천천히 바닥으로 가라앉는다. 잔을 흔들거나 스푼으로 커피를 휘저을 경우, 점성 때문에 그 움직임이 알갱이들로 전달되어 알갱이들은 커피액 속에서 다시 흩어진다.

피에 비례하고 마찰력은 알갱이의 지름에 비례하기 때문에, 한계 낙하 속도는 알갱이 지름의 제곱에 비례한다. 그렇게 해서 고을수록 입자의 침전 속도는 느리다.

거칠게 빻은 커피의 경우, 지름 약 1밀리미터의 알갱이는 초속 10센티미터의 속도로 침전한다. 이 알갱이는 (스푼으로!) 강하게 휘저을 경우에만 몇 초 동안 물속에서 부유할 뿐이다. 지름이 0.2밀리미터인 터키 커피 알갱이는 초속 몇 밀리미터의 속도로 침전한다. 지름이 몇 마이크로미터인 적혈구의 경우는 어떨까? (입자가 구형이라는 전제하에) 커피 알갱이 사례와 동일한 계산법을 적용한

주변 액체의 분자들(파란색)이 복합적으로 입자들에 충격을 가하기 때문에 입자들은 브라운 운동을 한다. 브라운 운동을 하는 입자들은 중력의 영향을 받아 침전과 정반대의 과정을 밟는다. 그래서 균형 상태에서 입자들은 가벼울수록 더 높은 고도에 위치한다. 원심 분리로 그 높이를 인위적으로 낮추면 '낙하력'이 커진다.

다면 그 침전 속도는 시속 4밀리미터이며, 이 수치는 혈액학에서 말하는 정상값(아침 일찍 한 시간에 10밀리미터)에 근접한다.

터키 커피 애호가에게는 인내심뿐만 아니라 차분함도 필요하다. 커피액이 흔들린다면, 알갱이들은 다시 흩어질 것이다. 유체가 움직이면 중력에도 불구하고 점성으로 인해 입자들이 일부 끌려가고, 이런 양상은 입자들이 미세할수록 더 잘 일어난다. 그렇게 해서 터키 커피 애호가들은 커피액이 흔들리지 않기를 바라면서 맛보기 전에 몇 분간 인내심을 갖고 기다려야 한다. 대기중에 꽃가루가 흩날리는 것도 같은 현상 때문이다. 공기는 물보다 밀

도가 1000배나 낮고 점도는 55배 더 낮다. 따라서 입자의 크기가 동일한 경우, 대기중에서 훨씬 더 빨리 침전이 일어난다. 그렇지만 꽃가루 입자는 빻은 커피 알갱이보다 훨씬 더 미세하여 결국 침전 속도의 변화율이 같아 수십 초 만에 바닥에 닿는다. 그러나 바람이 위쪽으로 아주 조금만 불어도 그 입자들은 부유 상태로 돌아갈 수 있으며, 꽃가루 또는 오염 물질은 거뜬히 수백 킬로미터를 이동하고 2000미터 상공으로 올라갈 수 있다.

낙하를 가로막는 원인은 바로 브라운 운동

미세한 입자들을 침전시키기 위해 반드시 유체가 움직이지 않아야 한다면, 절대 정지 상태는 가능할까? 1828년 스코틀랜드의 식물학자 로버트 브라운은 물속에 떠다니는 꽃가루 입자들을 현미경으로 관찰하고, 이 알갱이들이 계속 무질서하게 이동한다는 사실을 확인했다. 1905년 아인슈타인이 밝혀냈듯이 이 현상의 열쇠는 분자와 원자들이 열 운동에 의해 끊임없이 움직이는, 물질의 불연속적인 성질이다. 유체 분자들이 무질서하게 알갱이들과 충돌함으로써 알갱이들은 이리저리 흩어진다. 그 경우에 이 입자는 이른바 '브라운 운동'이라는 불규칙한 운동에 따라 이동하며, 이러한 브라운 운동이 침전을 가로막는다.

온도가 균일한 환경에서 모든 입자는 극히 미세하든 그보다 조금 더 크든 간에 모두 평균적으로 온도에 비례하는 동일한 운동 에너지를 갖는다. 이 에너지로 인해 입자들은 다시 올라가고 유체 내에서 더욱 잘 흩어지게 된다. 입자들은 얼마나 높이까지 올라갈까? 위치 에너지가 (온도에 비례하는) 초기 운동 에너지와 같다면, 정지 위치는 운동 에너지를 입자의 무게로 나눈 몫과 같다. 물속에 들어 있는 커피 알갱이의 경우, 그 높이는 원자 하나의 크기보다 작다. 따라서 그 알갱이들은 잔 바닥에 남아 있는 것이다. 적혈구의 경우에는 이 높이가 몇 마이크로미터이다. 그러나 우리 혈액의 다른 성분인 알부민(단백질의 일종)은 몇 미터에 이른다. 끝으로, 동일한 계산에 따르면 대기 분자들은 약 8킬로미터 고도에 걸쳐 분포한다는 결과가 나오며, 이는 직접 관찰한 사실과 일치한다.

브라운 운동이 터키 커피에는 아무런 구실을 하지 않는다고 해도, 혈액의 단백질 성분은 브라운 운동 덕분에 침전되지 않고 혈장 속에서 부유 상태를 유지하게 된다. 어떻게 하면 그런 고분자들을 다시 거둬들일 수 있을까? 정지 위치는 무게가 나가면 줄어들기 때문에 무게를 늘려주면 강제로 침전시킬 수 있다. 이에 원심 분리기보다 더 간단한 방법은 없다. 회전으로 중력과 유사한 힘이 유도되는데, 이 힘의 가속도는 회전 속도의 제곱에 반지름을 곱한 값과 같다. 그러면 쉽게 무게보다 10만 배 더 큰 힘을 얻을 수 있다(반지름 10센티미터에 1분당 3만 번 회전). 이 경우 고분자들은 원심 분리관의 안쪽 깊숙이 모인다. 커피가 너무 곱게 빻아졌다면 어떻게 해야 할까? 바로 커피를 원심 분리하면 된다!

하늘을 수놓은 300개의 불꽃

불꽃으로 하늘에 숫자와 글자를 새기다!

불꽃놀이용 화약 기술자들은
염분이 섞인
작고 동글동글한 화약으로
폭탄 안에 소형문자를 만들어
하늘에 글을 쓴다.

Lacroix-Ruggieri

〈과학을 위하여(Pour la Science)〉 창간 25주년! 300호 출간을 성대하게 기념하기 위해 퀴를롱 교수와 미노 박사는 불꽃으로 하늘에 '300'이라는 숫자를 쓰는 임무를 맡았다. 두 사람은 하늘에 '300'이라는 숫자를 쓸 불꽃놀이용 폭탄을 발사하는 방법에 대해 연구했다. 여러 번의 실험을 통해 그들은 불꽃놀이용 화약 관련 기술은 미묘하고 정교해서 전문가에게 맡겨야 한다는 사실을 이해하게 되었다. 어쨌든 두 사람은 기술자들에게 연소 활용법을 새로 배우게 되어 무척이나 기뻤다. 두 사람의 행보를 좇아 전문 기술자들이 어떻게 불꽃 폭탄을 고안하고 사용하는지 알아보도록 하자.

발사

불꽃놀이가 펼쳐지는 동안, 화약 기술자가 하늘에 수많은 폭탄을 쏘아 보내면 반짝이는 입자들이 하늘에 쫙 흩어진다. 퀴를롱 교수와 미노 박사는 지름 15센티미터의 원통형 폭탄을 선택했다. 그 폭탄에 실린 1킬로그램의 폭발물이 '불꽃놀이 공연'을 펼치는 것이다. 먼저 사람들이 볼 수 있어야 하고 또 구경하는 사람들에게 절대 해를 입혀서는 안 되기 때문에, 폭탄을 240미터 높이로 쏘아 올려야 한다. 기술자들은 두꺼운 원통 판지 같은 1미터 길이의 화포를 땅속에 수직으로 박아놓고, 이 화포를 이용해 폭탄을 그 높이로 쏘아 올린다. 폭탄은 발포되자마자 빠른 속도로 화포를 벗어난다. 두 사람이 선택한 폭탄의 경우, 요구되는 240미터 높이에 도달하는 데 필요한 속도는 초속 100미터이다(마찰이 없으면 초속 70미터로 충분하다).

발포용 화약의 성분은 무엇일까? 고대 중국 이래로 그 성분은 질산포타슘(KNO_3) 75퍼센트와 목탄 15퍼센트, 황 10퍼센트로 된 고형 혼합물, 이른바 '흑색 화약'이다. 질산포타슘이 조연성 물질의 구실을 하기 때문에 이 화약은 산소 없이 연소한다. 방출되는 가스 온도가 2500~3500도에 달해 '폭연', 즉 폭음과 불꽃을 동반한 급격한 폭발(연소될 때 불꽃의 속도가 초속 1미터 이상인 경우)을

불꽃놀이용 화포가 1킬로그램짜리 폭탄을 초속 100미터 속도로 쏘아 올려 240미터 높이에 다다르게 한다.

일으킨다.

퓌를롱 교수와 미노 박사는 먼저 흑색 화약이 화학 연소할 때 방출되는 열을 측정하면 필요한 화약의 양을 계산할 수 있으리라 생각했다. 그리고 화약이 탈 때 1그램당 1360줄이 열의 형태로 산출된다는 것을 밝혀냈다. 그렇게 해서 전체 연소 에너지가 운동 에너지로 바뀐다면 4그램의 화약으로 충분히 필요한 약 5000줄의 운동 에너지를 만들어낼 수 있을 것이었다. 그럴듯한 계산일까? 두 사람은 4그램이면 어렵게나마 1킬로그램의 폭탄을 쏘아 올릴 것이라고 생각했는데, 화약의 연소 에너지 대부분이 상실되고 말았다. 그렇다면 필요한 화약의 양은 어느 정도일까?

퓌를롱 교수와 미노 박사는 전문가에게 물어보았는데, 전문가는 폭탄을 원하는 높이로 보내는 데 200그램 이상의 화약이 필요할 것이라고 추산했다. 그 정도의 양이면 272킬로줄, 다시 말해 필요한 최소 운동 에너지보다 50배 이상 많은 에너지를 방출하는 것이었다. 그렇다면 실제 쓸모 있는 에너지는 연소로 방출된 에너지의 2퍼센트에 지나지 않았다.

그러면 어떻게 필요한 화약의 양을 정확히 산정할 수 있을까? 퓌를롱 교수와 미노 박사는 발사 메커니즘에서 그 양을 도출해보려 시도했다. 연소로 뜨거운 가스가 발산되면서 추진력이 생긴다. 화포 내 공간은 한정되어 있으므로 가스가 생성되면 이상 고압 상태가 되어 폭발물을 위쪽으로 밀어 올린다. 관 내부의 압력이 1기압(외부 압력)을 상회하는 동안 이 추진력은 지속된다. 폭탄이 원통형 화포 안에서 이동하는 내내 그 추진력이 지속되기 위해서는 생성되는 가스 부피가 적어도 관의 부피와 같아야 한다. 그런데 대기압 상태에서 화약 1그램의 연소로 방출되는 뜨거운 가스의 부피는 약 3분의 1리터이다. 그리고 화포의 부피는 약 17리터이다. 이로써 퓌를롱 교수와 미노 박사는 1미터에 걸쳐 폭탄에 가속도를 붙이기 위해서는 적어도 60그램의 화약이 필요하다는 결론을 내렸다.

당시 질문을 받은 전문가는 두 사람에게 "그 추론은 옳지만, 여러분에게는 한 가지 정보가 부족합니다" 하고 말했다. 전문가에 따르면, 기술자들은 화포와 폭탄 사이에 늘 1센티미터의 여유 공간을 둔다는 것이다. 관 안에서 폭탄이 막혀버리거나 하는 뜻밖의 사태에 대비하고 또 화포를 아끼기 위해 그렇게 한다는 것이다. 이러한 여건에서 가스 누출, 다시 말해 에너지 누출은 엄청나다. 폭연 때문에 발생한 가스는 제대로 밀폐되지 않은 환경에서 압력이 덜 오른다. 그러므로 가스를 더 많이 만들어내야 한다. 결국 200그램 이상의 화약이 필요한 것이다.

또한 전문가는 퓌를롱 교수와 미노 박사에게 실전에는 다른 '본질적인 세부 사항들'이 숨어 있다고 털어놓았다. 화포의 판지를 보호하기 위해서는 관 내부의 압력을 지나치게 높여서도 안 된다는 것이다. 폭연이 일어날 때 불꽃놀이용 화포 안의 압력은 5기압까지 올라가는데 이 값을 초과해서는 안 된다. 압력을 제한하는 이상적인 방법은 발사가 이어지는 동안 사이사이에 화약이 연소되도록 하는 것이다. 이런 방식으로 발사 시작 단계에 만들어야 할 가스의 양을 최대한 줄이며, 이때 화포 안에 있는 폭발물의 영향으로 가용 부피가 줄어든다.

장전된 화약의 성분

기술자들은 화약의 성분과 입자로 이루어진 속성을 제어해 그와 같은 조정 작업을 수행한다. 연소는 화약 입자의 표면에서 일어난다. 그러므로 이 표면이 클수록, 다시 말해 입자가 가늘수록 더 강렬하고 신속하게 연소된다. 스스로 탄약을 제조했던 고대의 병사들은 그 사실을 잘 알고 있었다. 그들은 탄환의 성질에 따라 입자 크기가 다른 화약을 사용했다. 지나치게 무거운 발사체에 입자가 너무 가는 화약을 사용한 사람에게는 불행이 닥쳤다. 불활성 탄환 때문에 부피가 줄어들어 연소가 너무 빨리 일어나면 대포가 폭발해버릴 수도 있었다!

실전에 적용되는 또 다른 세부 사항은, 발사로부터 3.5초 후에 폭발물에 불이 붙어야 한다는 것이다. 기술자들은 발포용 화약에 불을 붙이는 동시에 폭발물에 뇌관을 장치한다. 원통형으로 화약을 쌓아올린 뇌관은 폭죽의 도화선과 같은 구실을 하면서 천천히 타오른다. 적정한 높이에서 폭발이 일어나기 위해서는 뇌관의 길이가 알맞아야 한다.

이러한 '세부 사항들'을 따르면 폭탄의 발사 문제가 해결된다. 이제 전문가는 폭발물의 성분을 설명하고 싶어했다. 그에 따르면

불꽃 기술자들은 하늘에 쓰려는 숫자를 폭탄 속에 적어둔다. 이 숫자는 작은 공 모양의 화약과 각종 염분으로 만들어진다.

폭발물에는 지름 몇 밀리미터의 작은 구형 화약이 고루 분포되어 있다고 한다. 불꽃의 색은 화학 성분에 따라 결정되며 초록색 불꽃을 만들려면 바륨염, 파란색 불꽃은 스트론튬염, 빨간색 불꽃은 구리염을 사용한다고 전문가는 그들에게 설명해주었다.

시한 장치 도화선이 장전된 화약에 불을 붙이면 폭연이 일어나면서 그 안에 든 구형 화약들이 타올라 '불꽃'을 만들어낸다. 이번에는 폭탄 외피 안의 줄어든 공간에서 폭연이 일어난다. 생성된 가스로 인해 외피가 폭발하고, 가스는 대기중으로 팽창하면서 불꽃을 함께 끌고 간다. 최종 폭발이 일어나면 불꽃들은 상대적으로 잘 배치되어 조화롭게 흩어진다.

그리하여 퀴를롱 교수와 미노 박사는 하늘에 300이라는 숫자를 쓰기 위해서는 이러한 속성을 활용해야 한다는 사실을 이해했다. 그들의 추론을 확인해준 전문가는 불꽃놀이에는 두 가지 유형의 폭탄, 즉 동양식 폭탄과 서양식 폭탄이 사용된다고 설명해주었다. 동양에서는 구형 폭탄을 쓰는데, 불꽃이 겹겹이 동심원 모양으로 배치되며 폭발하는 동안 불꽃이 그리는 원의 반지름이 점점 커져간다(제목 옆의 사진 참조). 동양의 불꽃 기술자들은 활성 불꽃과 불활성 불꽃(이 불꽃들은 폭탄이 균형 상태를 유지하는 데 꼭 필요하다)을 혼합해 공중에 다양한 형상을 만들어낸다. 즉 일본 사람들은 인위적으로 색상을 제어하기 전에 활성 불꽃과 불활성 불꽃을 적절히 배합해 하트나 나비 모양 같은 단순한 형상을 하늘에 그렸다.

서양의 불꽃 기술자들은 원통형 폭탄을 사용하며, 대개 불꽃을 뒤죽박죽으로 내뿜어 불규칙한 모양의 색채 다발을 만들어낸다. 그들 역시 불꽃을 세심하게 배열해 여러 도형을 만들 수 있다. 예를 들어 숫자 '3'은 물론 '0'도 불꽃으로 그릴 수 있다. 폭탄 속에서는 이 숫자의 길이가 고작 몇 센티미터에 불과하지만, 장전된 화약이 폭발한 후에는 점점 커져서 수십 미터에 이른다.

폭탄의 방향

퓌를롱 교수와 미노 박사는 마침내 모든 것을 알게 되었다고 생각했다. 한데 전문가는 실전 경험에서 나온 마지막 '세부 사항'을 그들에게 전해주었다. 예를 들어 숫자 3이 '하늘 높이 맨 앞', 그리고 구경하는 사람들 앞쪽에 쓰이도록, 정확하게 폭탄의 방향을 설정해야 한다는 것이다! 전문가는 두 사람에게 새 천 년을 맞이하는 축제 때 라크루아-뤼지에리(Lacroix-Ruggieri) 사의 동료들이 하늘에 숫자 '2000'을 쓰기 위해 어떻게 이 문제를 해결했는지 설명해주었다. 그날 '숫자 폭탄' 네 개가 사용되었다.

불꽃 기술자가 성공적으로 도형을 표현하기 위해서는 도형을 이루는 제반 요소의 방향을 잘 잡아야 한다. 특히 폭탄이 안정적으로 날아가도록 해야 하며, 폭발 순간을 정확히 예측해야 한다.

폭탄의 안정성을 높이기 위해 라크루아-뤼지에리의 직원들은 폭탄의 무게중심을 위쪽으로 옮겼다. 그렇게 해서 폭탄은 수직으로 발사되는 화살처럼 날아갔다. 또 라크루아-뤼지에리는 폭탄이 발사되는 동안 회전을 유도해 안정성을 크게 보강했다. 그리고 시험 발사 때 폭탄의 회전 속도를 측정했다. 결국 폭탄의 비행 시간을 조정함으로써 네 번의 폭발은 동시에 적정한 방향으로 일어날 수 있었다. 그날 라크루아-뤼지에리는 지름이 500마이크로미터인 타이탄 입자 불꽃을 선택했고, 이 불꽃들이 공중에 타오르면서 파리 하늘에 2000이라는 숫자를 화려하게 수놓았다.

제어해야 할 '주요 세부 사항'이 그렇게나 많다니! 퓌를롱 교수와 미노 박사는 깜짝 놀랐지만 그렇다고 해서 낙담하지는 않았다. 그들은 결심했다! 600호 잡지 출간을 기념하게 될 2027년, 그들은 모든 계산을 다 해보고 필요한 모든 측정을 완수해 불꽃 문자로 제명인 'Pour la Science'를 하늘에 수놓을 것이라고.

접착력

자유자재로 벽을 타는 게코도마뱀과 판데르발스의 힘

판데르발스의 힘은
극히 미미한 접촉면에 작용한다.
이 판데르발스의 힘에 의해
특히 게코도마뱀의
놀라운 접착력이 규명된다.

Axel Rouvin

기원전 4세기에 아리스토텔레스는 게코도마뱀이 "심지어 머리와 꼬리의 위치가 뒤바뀌었을 때에도 자유자재로 나무를 타고 오르내리는" 모습을 보고 이미 놀라움을 나타냈다. 열대 지역에 사는 이 도마뱀의 접착력은 오랫동안 파충류 전문가들의 호기심을 자극해왔다. 빨판 때문에 그렇게 잘 들러붙는 걸까? 아니면 접착제라도 있는 걸까? 생체역학 연구자들은 게코도마뱀의 발가락이 비늘 같은 것으로 덮여 있어서 발가락과 접촉하는 물체 사이에 판데르발스 힘의 효과가 커진다는 사실을 밝혀냈다.

14세기 말, 네덜란드의 요하네스 판 데르 발스는 중성일 경우에도 분자들 간에 힘이 작용한다는 것을 예견했다. 그리고 같은 네덜란드 출신의 페트뤼스 데베이에와 빌헬름 케솜, 미국의 프리츠 런던은 그 힘이 물질의 편극 현상에서 비롯된다는 사실을 밝혀냈다.

한 실험을 통해 편극 현상을 명확히 알아보자. 플라스틱 자를 모직 천에 문질렀을 때, 자는 알루미늄이나 종이를 끌어당긴다. 모직물에서 전자들을 끌어낸 자는 음전하를 띠게 된다. 중성의 알루미늄 판은 왜 끌렸을까? 전도체인 알루미늄 판 안에는 자유 전자들이 갇혀 있다. 대전된 자가 다가가면서 그 전자들을 밀어내기 때문에 자 근처의 알루미늄 부분에는 양전하가 나타나고, 자에서 먼 알루미늄 부분에는 음전하들이 축적된다. 이 알루미늄은 '편극'된 것이다. 자에 의해 만들어진 전기마당은 거리와 함께 줄어들므로 양전하를 띠는 가까운 곳은 강하게 끌리는 반면, 음전하를 띠는 먼 곳은 약하게 뒤로 밀려난다. 그 결과 생기는 힘이 물체를 끌어당기고 전기마당은 강한 쪽으로 작용한다.

편극 물질

절연체인 종이의 경우, 분자 차원에서 동일한 현상이 일어난다. 절연체 분자들의 성질에 따라 두 가지 상황이 나타난다. 어떤 중성 분자의 진하들이 대칭적으로 분포할 때, 전자구름의 전자들은 전기마당과 반대 방향으로 이동한다. 이렇게 변형된 전자구름에 의해 분자는 편극되어 '유도 쌍극자'가 만들어진다. 전하들이 비

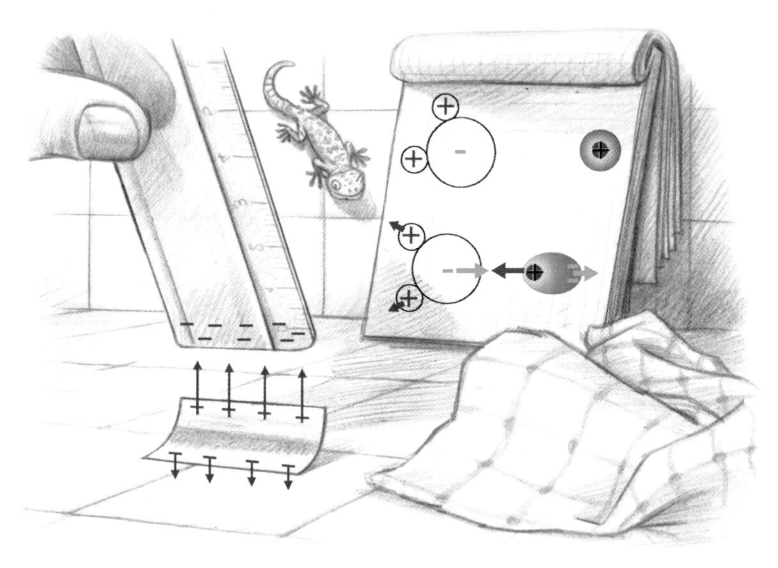

알루미늄 판(왼쪽)이나 어떤 분자(오른쪽)들은 전기마당과 대면했을 때 편극 현상을 일으킨다.

대칭적으로 분포할 때, 그 분자는 물 분자처럼 '극성'을 띤다. 물 분자의 경우, 산소는 두 개의 수소와 자신을 이어주는 데 관여하는 전자들을 제 쪽으로 끌어당겨 미미하게 음전하를 띠고, 수소는 각기 양전하를 띤다. 전기마당은 극성 분자에 두 가지 영향을 미친다. 다시 말해 전기마당으로 인해 그 분자는 쌍극자가 전기마당의 방향으로 정렬될 때까지 축을 중심으로 회전하며, 그러고 나서 전기마당이 강한 쪽으로 끌려간다.

전기마당이 중성 분자에 작용해 중성 분자 역시 전기마당을 만든다. 극성 분자들의 경우, 서로 나뉜 전하에 의해 만들어진 전기마당이 전부 합산된다. 예를 들어 산소(O_2) 같은 무극성 분자들에 의해 발생한 전기마당의 근원은 좀더 미묘하고 감지하기 어렵다. 양자역학 이론에서 규정하고 있듯이, 어떤 분자의 전자들은 그 위치가 계속 변한다. 그 움직임의 양상은 언뜻 전체적으로 흐릿하고 대칭을 이루는 전자구름 같다. 실제로 전자들이 핵과 함께 형성하는 쌍극자들의 순간 전기마당은 간과할 만하지 않다. 이 전기마당은 극성 분자의 전기마당과 마찬가지로 다른 분자들에 작용하기 때문이다.

그렇게 해서 판데르발스의 힘은 중성 분자들이 서로 간에 가하는 정전기력과 다를 것이 없다. 이 힘은 두 가지 유형의 전기 쌍극자, 즉 편극을 일으킬 수 있는 분자의 '유도 쌍극자'와 극성 분자의 영구 쌍극자 간에 일어나는 상호작용에서 비롯된다.

강도가 아주 미미한 판데르발스의 힘에는 늘 자력이 있으며 그 사정거리는 짧다. 한 분자가 다른 분자와 대면할 경우, 물체 간 개별 접촉점에는 언제나 판데르발스 힘이 존재한다. 두 물체 간의 접촉면이 클 때는 그 힘에 더해 간과할 수 없는 힘이, 긴밀하게 접촉해 있을 때는 상당한 힘이 추가된다. 그래서 윤을 낸 강철판이나 유리판이 포개져 있으면 떼내기가 아주 어렵다. 그와 달리 표면이 꺼칠꺼칠한 두 물체 간에는 실제 접촉면이 매우 적기 때문에 판데르발스의 힘에 의한 접착력이 미미하다.

판데르발스의 힘은 우리 주변의 먼지 같은 미세한 물체에서도 관찰된다. 너무 가벼워 막이나 벽면에서 분리해낼 수 없는 입자들은 먼지떨이로 날려 보내기 전에는 가구에 그대로 들러붙어 있다. 집적회로의 표면에 들러붙은 먼지는 엄청난 결함을 일으켜 반도체 제작업자들에게 치명타를 입히기도 한다. 미국 항공우주국(NASA)의 공학자들은 '먼지투성이 화성' 탐사 우주선의 태양 집열판에서 먼지를 제거하는 방법을 골몰히 연구하고 있다.

특이한 게코도마뱀

분명, 게코도마뱀은 먼지보다 크다. 어떻게 판데르발스의 힘으로 게코도마뱀의 접착력을 규명할 수 있을까? 루이스앤드클락 대학의 생체역학 교수 켈러 오텀과 그의 연구팀은 이 도마뱀의 말단부

게코도마뱀의 발가락 끝에는 수백만 개의 털이 있다. 그 털로 인해 발가락과 지지대의 접촉면이 넓어지고 판데르발스 힘이 커져서 중력에 맞설 수 있는 것이다.

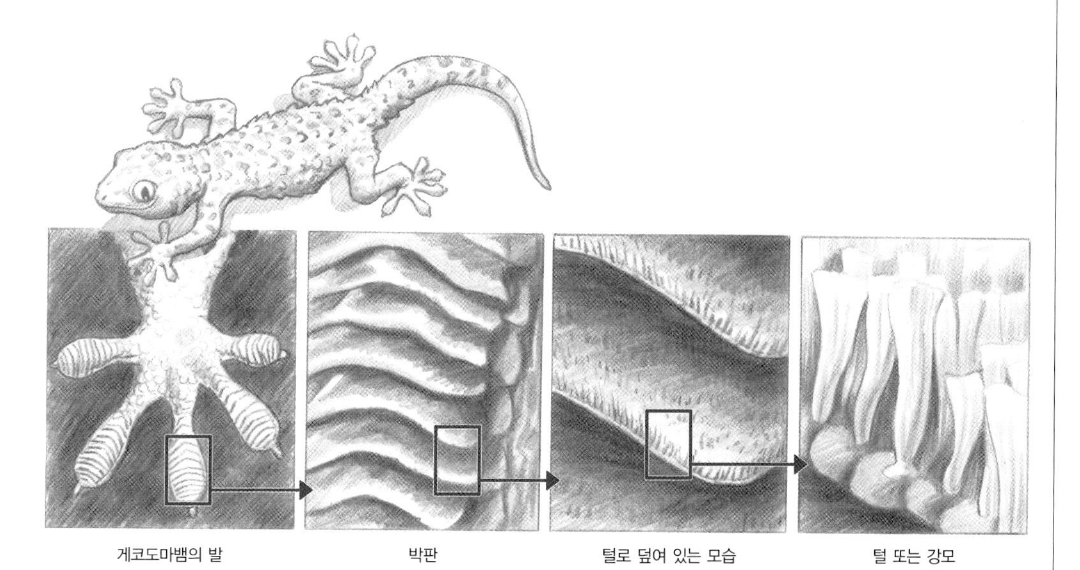

의 형태학을 연구해 수수께끼를 풀었다. 갈퀴가 달린 다섯 개의 발가락은 박판으로 덮여 있고 이 박판에는 미세한 털(강모)이 돋아 있는데, 그 수가 발 하나에 50만 개나 된다! 또한 각각의 강모는 약 1000개의 짧은 섬모로 덮여 있으며, 섬모는 길이가 약 0.2마이크로미터이고 끝이 둥그스름한 주걱 모양이다. 이 섬모로 인해 물체에 대한 접촉면이 아주 넓어져 판데르발스의 힘이 상당히 커지는 것이다. 그 접착력을 측정하기 위해 공 하나가 벽에 닿아 있는 장면을 떠올리면서 섬모와 벽면 간의 접촉을 이론적으로 설정해 보자. 근사치 계산에 따르면 공과 벽 사이에 작용하는 판데르발스의 힘은 1미터당 0.2뉴턴에 가까운 지수로 배가되는 반지름처럼 증가한다. 그렇게 해서 각각의 섬모와 벽 사이의 자력은 약 0.02마이크로뉴턴이다. 이 힘에 섬모의 수를 곱하면 약 40뉴턴의 접착력이 나오는데, 4킬로그램 정도는 거뜬히 들어올릴 수 있는 힘이다. 그런데 표범무늬게코도마뱀은 무게가 60그램 이상 나가지 않는다.

발의 접착력이 굉장히 뛰어나고 무게가 가벼운 덕택에 게코도마뱀은 벽면을 타고 오르내리고, 천장을 기어 다니며, 나뭇잎 사이를 옮겨 다닌다. 그렇지만 그렇게 잘 들러붙는 게코도마뱀이 제아무리 용을 써도 '테플론'이라는 물질 위에서는 미끄러지고 만다. 이 테플론은 극성을 거의 띠지 않고 쉽게 편극을 일으키지 않는 테트라플루오로에틸렌 중합체로서, 프라이팬에 음식이 들러붙는 것을 막기 위해 고안되었다. 테플론은 다른 분자들의 전기마당에 둔감하고 전기마당을 전혀 만들지 않기 때문에 표면에 작용하는 판데르발스의 힘을 대수롭지 않게 만든다. 이러한 특성 때문에 테플론은 내외장재로 사용하지 못하게 될 것이라는 점에 주목해보자. 접착 방지제인 테플론이 음식물에 들러붙지 않는다면, 이는 프라이팬의 금속에도 들러붙지 않는다는 얘기다. 제조업체는 테플론을 녹여 꺼칠꺼칠한 금속 면 위에 입힘으로써 그러한 난제를 교묘히 해결했다. 그렇게 해서 들러붙지 않는 테플론이 요철 사이에 끼어 자리를 잡은 것이다. 게코도마뱀은 사용할 수 없는 기막힌 묘책이다!

인간은 이미 게코도마뱀을 모방하고 있다. 현재 매사추세츠의 아이로봇(iRobot) 사 기술자들이 인공 게코 발을 만들어 벽에서 이동할 수 있는 작은 로봇에 장착했다. 그런데 게코도마뱀을 본뜬 발이 도마뱀처럼 달라붙는다고 해도 접착 성능은 먼지의 위협을 받는다. 사실, 그 기술자들은 게코도마뱀 발에는 다른 신비한 속성이 있다는 사실을 발견했다. 바로 자정(自淨) 능력이다. 그들은 실험을 통해 활석 위를 걸어간 게코도마뱀의 발이 몇 걸음 만에 다시 깨끗해진다는 사실을 확인한 것이다. 그렇다고 게코도마뱀 발이 테플론으로 되어 있는 것도 아닌데…….

수분 흡착기

습기 쏙, 물 먹는 염화칼슘과 실리카젤

모름지기 최고의 수분 흡착제란
물 분자들에게
최대의 표면을 제공하고
물 분자를 가장 절실하게
갈망하는 것이다.

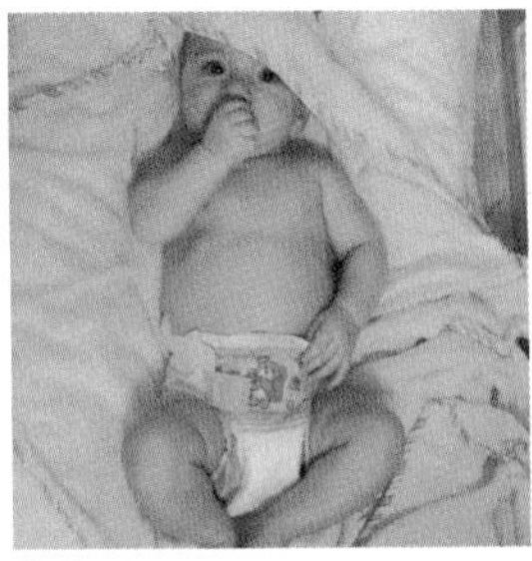
G. Courty

물은 생명이다. 그러나 물 때문에 생명이 부패할 수도 있다. 건물 기반에 스며들고 벽면이나 밀폐된 공간에 응축되는 등 물은 돌이킬 수 없는 손상을 입힌다. 그리고 오줌을 싼 아기들은 부모의 잠을 깨운다. 어떻게 하면 수분을 제거할 수 있을까? 해답은 바로 수분 흡수제! 최고의 흡수제는 물과 접촉하는 면이 가장 넓고 물에 대한 갈증이 제일 큰 것이다.

모세관 현상

유년 시절, 우리는 잉크를 흡수하는 압지에 얽힌 즐거운 추억을 가지고 있다. 그런 압지의 사례가 수분을 흡착하는 좋은 방법이 아닐까? 그러한 방식은 모세관 현상을 이용하기 때문에 정말 효과적이다. 18세기, 영국의 의사 제임스 주린은 가느다란 관을 물 속에 넣어 모세관 현상을 분석했다. 물은 깨끗한 유리에 대해 큰 친화력을 나타낸다. 다시 말해 물은 유리의 표면을 완전히 덮으려 하면서 그 표면을 최대한 '적신다'. 하지만 아래로 끌어내리는 중력 때문에 모세관의 꼭대기까지 올라가지 못한다. 물이 모세관 속에서 올라가는 높이는 그 관의 반지름에 반비례한다. 예를 들어 반지름이 1밀리미터인 관 속에서 물은 14밀리미터 올라가며, 반지름이 10마이크로미터인 관 속에서는 1미터 정도 올라간다.

다시 앞서 이야기한 압지와 그 압지처럼 셀룰로오스 섬유들이 얽혀 있는 직물 이야기를 해보자. 이런 소재에는 물이 들어갈 수 있는 수많은 틈새가 있으며, 물은 모세관 현상으로 그 틈새를 뚫고 지나간다. 물이 스며든 소재를 들어올릴 때, 물은 여전히 섬유 사이에 흡착되어 있다. 스펀지와 주방용 흡수지도 마찬가지로 모세관 현상에 의해 물을 빨아들인다.

그렇다면 물이 어떻게 수많은 소재의 표면을 그렇게나 쉽게 적시는지 의문이 든다. 우리가 알고 있는 대로 물 분자는 산소 원자 한 개와 수소 원자 두 개로 이루어져 있으며, 수소 원자들은 네 개의 전자를 공동으로 갖고 있다. 그런데 산소 원자는 이 '전자구름'을 자기 쪽으로 끌어당긴다. 전반적으로 물 분자는 중성이지만 '극성'을 드러내 산소에는 음전하, 수소에는 양전하가 넘쳐난다. 이 극성 분자는 대전된 분자나 편극된 분자들과 강력한 상호작용을 일으킨다. 다시 말해 산소(−)는 양전하들과 함께 있으려 하고, 수소(+)는 음전하들과 함께 있으려 하는 것이다. 그렇게 해서 물 분자들은 극성을 띠거나 대전된 분자들로 이루어진 모든 막 위에, 다시 말해 물 분자들 사이에 상당수 지속적으로 흡착된다. 이런 원리에서 착안해 기술자들은 스펀지나 흡수지의 효율성을 높이게 되었다.

모세관 현상에 따라 주방용 흡수지에 물이 스며든다. 물은 셀룰로오스 섬유 사이로 스며 올라간 다음 섬유 표면에 흡착된다.

염화칼슘

물을 흡착하기 위해서는 물에 커다란 표면을 제공해야 한다. 어떻게 해야 할까? 우리는 계기 같은 민감한 물품을 보관하는 수납장 속에 때때로 제습제를 놓아둔다. 이런 탈수제는 염화칼슘($CaCl_2$) 결정을 함유한 물질을 용기에 담은 것으로, 내용물은 교체가 가능하다. 이 염화칼슘은 물에 용해되면 칼슘 양이온 Ca^{++}와 염소 음이온 Cl^-로 분해된다. 칼슘 이온은 물 분자의 산소 쪽을 끌어당기고 염소 이온은 수소 쪽을 끌어당기면서 물 분자들을 둘러싼다. 대기중의 물 분자들을 만났을 때도 동일한 현상이 일어난다. 그렇게 해서 양이온 Ca^{++}와 두 음이온 Cl^-는 물 분자를 여섯 개까지 끌어 모은다. 만일 주변 습도가 높으면, 염화칼슘 1그램은 최대 물 1그램을 빨아들인다. 실제로는 주머니형 흡수제나 다른 유형의 흡수제 속에 사용되는 결정체의 흡수 용량은 1그램당 물 2분의 1그램이다. 결정체의 일부는 적정 습도 조절에 꼭 필요한 다른 화합물과 결합하기 때문이다. 염화칼슘은 이러한 흡수 용량 덕택에 대기중의 습기를 조절하게 된다. 섭씨 20도의 포화 대기(습도 100퍼센트)에는 1세제곱미터당 약 10그램의 물이 들어 있다. 그러한 기후 조건에서는 염화칼슘 100그램이 든 주머니로 충분히 커다란 장롱(약 2세제곱미터)의 습기를 말끔히 제거할 수 있다. 이 방법에는 딱 하나 단점이 있다. 상당량의 수분을 흡수한 염화칼슘은 조해(潮解)되어 미관상 좋지 않은 식염수로 변하므로, 정기적으로 식염수를 제거해주어야 한다는 점이다.

편극된 물 분자는 대부분의 분자들(막이나 벽면 포함)에 대해 큰 친화력을 갖는다.

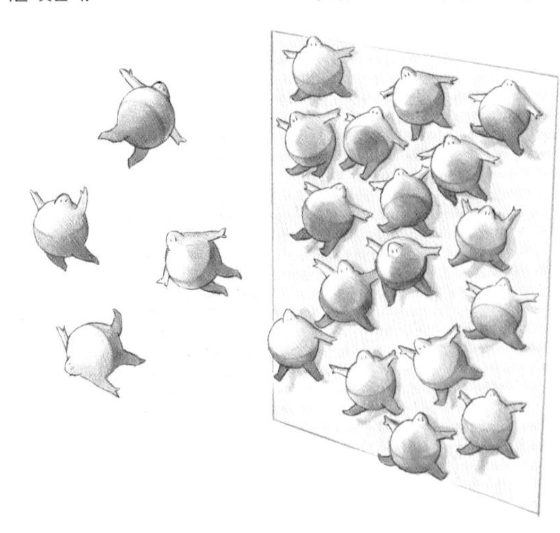

실리카젤

염화칼슘이 적합하지 않다면, 기본 개념으로 다시 돌아가 물에 아주 커다란 표면을 제공하는 고형의 소재, 이를테면 실리카'젤' 과립을 사용할 수 있다. 실리카 분자는 규소 원자 하나와 산소 원자 두 개(SiO_2)로 이루어져 있다. 실리카젤은 지름이 몇 밀리미터인 알갱이들로 구성되며, 이 알갱이들은 구멍이 아주 많다(부피의 4분의 1은 비어 있다). 망상 조직으로 된 젤의 틈새에서 용매가 제거되어 그러한 다공성 구조의 실리카가 생겨나며, 그 밀도는 1세제곱센티미터당 고작 0.7그램에 지나지 않는다.

알갱이 내부의 빈 공간은 무수히 많은 '나노' 크기의 구멍들로 연결되어 있으며, 총 표면적은 상당히 넓다. 그렇게 해서 실리카젤 1그램의 내부 표면적은 700제곱미터이고, 내부 체적은 0.35세제곱센티미터이다. 실리카젤 생성 과정에서 물을 끌어당기는 '극성 집단'이 많이 만들어진다.

그래서 실리카 알갱이의 안쪽 면은 물을 아주 좋아한다. 물을 가득 머금었을 때 실리카 구멍이 흡착하는 물은 1그램당 최대 0.35그램이다. 실리카는 염화칼슘보다 물을 조금 덜 흡수하지만, 대신에 식염수가 생기지 않는다. 물을 가득 머금은 상태에서 만졌을 때도 실리카는 여전히 보송보송하다. 이러한 장점 덕택에 실리카젤은 약품, 사진기 포장 용기 등 도처에서 사용되고 있다. 산업용 건조제에도 실리카젤이 들어 있어, 공기 중에 포함된 수증기를 흡수한다. 흡착한 수분을 제거하려면 실리카젤을 섭씨 130도까지 가열하면 된다. 그렇게 해서 지표면에서 가장 흔한 광물 중 하나인 산화규소를 활용해 보편적으로 사용할 수 있을 뿐만 아니라 재생 가능한 제습제를 만들어낸 것이다!

실리카젤은 정말 도처에서 사용되고 있을까? 엉덩이가 축축하다고 아기들이 칭얼대는 통에 젊은 부모들은 밤마다 잠을 설치기 일쑤다. 기저귀에는 실리카젤이 들어 있는가? 그렇지 않다. 아기가 한 번에 쏟아내는 소변의 양은 약 50그램이며, 세 번 눈 소변을 흡수하려면 430그램 이상의 실리카젤이 필요할 것이다. 그런데 질 좋은 기저귀는 두께가 얇고 무게가 100그램 미만인데도 축축해지지 않는다. 그 기저귀에는 무엇이 들어 있을까?

답은 바로 폴리아크릴산이다. 이것은 아크릴산 분자 하나가 각각의 사슬고리를 이루고 있는 여러 개의 기다란 사슬이다. 물기가 없을 때 이 중합체는 소금 알갱이처럼 생겼다. 중합체를 만들기 위해서는 수산화소듐이나 수산화포타슘을 이용해 특히 아크릴산을 중화해야 하기 때문이다. 그래서 폴리아크릴산에는 음전하인 산소 원자가 양전하인 소듐이나 포타슘 이온에 무수히 연결되어 있다. 더구나 여러 개의 사슬은 생성 당시 이루어진 분자 결합에 의해 서로 이어져 있다. 결국 이 중합체가 형성한 삼차원 망은 녹은 치즈 가닥이 무수히 연결된 스파게티에 비교할 수 있다.

물을 만나면 이 젤은 어떻게 반응할까? 물리학자들은 폴리아크릴산을 이용해 분자급의 구멍을 가진 일종의 '궁극적인 스펀지'를 만들어냈다고 생각한다. 이 중합체의 사슬 망에는 소듐과 포타슘 양이온, 그리고 산소 음이온이 상당히 많이 들어 있어서 물과 같은 극성 분자에게는 진정한 '천국'이나 다름없다. 일단 그 망 안에 들어가면 물 분자들은 수많은 파트너를 찾아 서로 결합한다. 일부는 산소 음이온과 가까워지고 다른 일부는 양이온을 둘러싼다. 그렇게 해서 부분적으로 양이온의 정전기적 인력에서 벗어난 산소 음이온은 밀려나게 된다. 그 중합체의 사슬이 풀어지고 소재의 부피는 증가한다. 그렇지만 사슬들이 아주 단단히 결합해 있어서, 그 소재는 부풀어오를 뿐 용해되지는 않는다. 혐

오감을 주는 식염수가 생기지 않는 것이다. 폴리아크릴산은 흡수력이 탁월해 증류할 때 나오는 수분 양보다 500~3000배 더 많이 흡수한다.

기저귀 한 장 속에 들어 있는 폴리아크릴산은 0.5리터까지 물을 흡착한다. 흡수력을 최대한 높이기 위해 염화소듐이나 다른 염분을 첨가한다.

안타깝게도 이온이 들어 있는 소금물이나 오줌에 대해서는 흡수력이 떨어진다. 이 이온들이 물 분자들을 붙잡아두어 중합체 내에 있는 이온의 인력을 방해하는 것이다. 그런 이유로 폴리아크릴산이 흡수하는 양은 중량의 30배 정도에 불과하다. 예를 들어 기저귀 한 장은 최대 500그램의 물을 흡수하며, 흡착력이 뛰어나 중합체가 압축되더라도(아기가 앉는 경우) 물은 여전히 그 자리에 남는다.

오늘날 이런 유형의 놀라운 흡수제는 더 이상 기저귀나 여성용 위생 용품에만 사용이 국한되지 않는다. 얇은 종이 두 겹으로 과자를 감싸 비스킷 봉지에 넣어두면 바삭바삭하게 유지되고, 고무와 혼합하면 놀라울 정도로 효과적인 방수 모르타르가 탄생한다. 영불 해협의 해저 터널에 물이 스며드는 것을 막는 데도 방수 모르타르가 채용되었다. 근처에 물이 있으면 이 모르타르가 부풀어 올라 방수벽의 균열을 막아준다. 우리는 결코 영불 해협의 방수벽을 메울 수 있는 고성능 흡습제를 상상하지 못했을 것이다!

마른 모래는 액체의 속성을 보이고,
젖은 모래는 마음대로
형태를 만들고 가공할 수 있는
놀라운 건축 자재가 된다.
다질 때 부피가 늘어나는
경우가 있으므로
모래를 쌓아올리는 일은
섬세함과 정교함이 필요한 작업이다.

젖은 모래성

누가 가장 멋진 모래성을 지을 수 있을까

8월이다. 바닷물에 씻기거나 구청 직원들이 청소해서 모래는 깨끗하다. 해변에서는 어른 아이 할 것 없이 건축가로 변신했다. 그들은 왜 꼭 젖은 모래로 작업하는 걸까? 그것은 경이로운 이 임시 건축 자재의 응집력 때문이다. 모래를 최대한 잘 쌓기 위해, 그리고 바닷물에 젖은 모래로 지은 성이 훨씬 더 견고한 이유를 규명하기 위해 모래의 놀라운 응집력을 살펴보자.

마른 모래 한 줌을 주르르 흘려보자. 그러면 바닥에 원뿔 모양의 모래 더미가 생긴다. 그 위에 또다시 모래 한 줌을 뿌리면, 덧보태진 모래 알갱이들은 작은 개울 형상으로 더미 위를 비스듬히 흘러내린다. 이런 속성을 보면 모래는 액체와 유사한 듯한데, 해변을 거닐 때 우리의 무게를 지탱해주는 것을 생각하면 고체의 속성도 있는 것 같다.

임계 경사도

조약돌, 가루 설탕같이 알갱이로 이루어진 소재는 액체와 고체의 속성을 모두 갖는 이중성을 보인다. 대륙들이 침식을 거듭한 후

거의 최종 단계에 만들어진 것이 바로 모래 알갱이다. 해변의 모래 알갱이들은 결정 형태의 규토(석영)로 이루어져 있으며, 그 크기는 20마이크로미터~2밀리미터에 이른다.

마른 모래 더미가 안정된 상태일 때, 알갱이들 간에 마찰이 작용해 자체 무게가 지탱되어 더 이상 흘러내리지 않는다. 그렇지만 임계 경사도에 이르면 그때부터 모래 표면은 액체의 속성으로 돌아가 모래성 건축가들의 희망을 여지없이 무너뜨린다. 하나의 모래 알갱이는 기울어진 널빤지 위에 놓인 조약돌과 유사한 상황에 처해 있게 된다. 기울기가 아주 약하면, 조약돌과 널빤지 간의 마찰 때문에 조약돌은 그 자리에 머문다. 기울기가 심하면, 조약돌은 구르거나 미끄러지기 시작한다. 개별 모래 알갱이 처지에서는 이웃한 모래 알갱이의 우둘투둘한 표면에 낀 상태로 버틸 수 있을 것 같다. 그렇지만 알갱이들은 제각기 이웃한 알갱이들을 짓누르며, 기울기가 클 때는 모래의 면과 수평한 방향으로 힘이 작용해 알갱이들을 흘러내리게 한다.

알갱이로 이루어진 소재는 액체처럼 흐를 수 있으며, 경사도가 30도 남짓한 원뿔형 더미를 형성한다.

모래 더미는 임계 경사도를 넘으면 불안정한 구조를 보인다. 모래 더미 표면의 알갱이는 다른 알갱이들과 제대로 결합하지 못해 경사면을 급히 굴러 떨어진다. 이때 옆에 있던 다른 알갱이들을 끌고 내려가면서 다 함께 와르르 무너져 내린다. 그리하여 가파른 경사면의 불안정한 알갱이들이 사라지고 나면 기울기는 다시 30도가량의 임계도 밑으로 떨어진다. 파도에 씻겨 매끈매끈한 해변의 모래 알갱이들은 타원형에 가까우며, 해변 모래 더미는 별로 닳지 않아 표면이 거친 강가 모래 더미보다 임계 경사도가 작다.

어떻게 하면 임계 경사도를 넘어설 수 있을까? 알갱이들을 결합하는 가장 단순한 방법은 물을 적시는 것이다. 적은 양의 물이라도 알갱이들 간의 아주 좁은 틈새를 비집고 들어간다. 사실, 짧은 거리에서 끌어당기는 판데르발스의 힘이 물 분자 사이에서, 그리고 물 분자들과 실리카 분자들 사이에서 작용한다. 그래서 물은 공기와 접촉하는 면이 최소가 되도록 가능한 바싹 붙은 채 규토 표면을 최대한 덮으려는 경향이 있다. 이 두 가지 결합 효과를 통해 좁은 틈새에 대한 물방울의 선호도뿐만 아니라 물이 다리가 되어 알갱이들을 이어주는 양상을 이해할 수 있다. 확대경으로 자세히 관찰하면 물 다리, 이른바 '수교'는 미세한 관 모양을 띠는데, 규토와 접촉할 때는 관 바닥이 넓어지고 공기와 접촉할 때는 중간 부분이 가늘어진다.

그렇게 해서 틈 사이의 작은 물방울들은 알갱이들을 부드럽게 연결하는 접착점이 된다. 이러한 결합 형태를 규명하기 위해 둥그스름한 한 알갱이가 다른 알갱이와 수교로 연결되어 있는 경우를 살펴보자. 방울진 물은 규토를 끌어당기며, 알갱이 반지름에 비례하는 이른바 '모세관력'이 아래로 향하는 무게와 반대 방향인 위쪽으로 작용한다. 그 무게는 알갱이의 부피에, 따라서 반지름의 세제곱에 비례하며, 모세관력은 매달린 알갱이가 아주 작을 때(1밀리미터 이하의 크기)에만 그 무게에 영향력을 미친다. 초등학생들이 가지고 노는 유리구슬은 결코 이런 식으로 다른 구슬에 매달릴 수 없다. 그와 달리 누구나 경험이 있을 텐데, 젖은 발로 마른 모래 위를 걸으면 발에 모래가 달라붙는다. 모래는 가늘수록 더 많이 달라붙으며 떼내기도 더 힘들다.

섬세하고 정교한 모래 쌓기 기술

이로써 모래성을 쌓을 때 모래에 물을 적셔 다져야 하는 이유가 밝혀진다. 수분은 알갱이들을 부드럽게 이어주는 다리 구실을 하며, 다지는 작업을 통해 알갱이들 간의 접촉을 배가시키면 그 다리의 효율성이 증대되는 것이다. 그래도 모래를 다져가며 쌓는

물이 다리가 되어 이웃한 알갱이들을 부드럽게 이어주기 때문에 젖은 모래에 응집력이 생긴다.

기술은 섬세하고 까다롭다. 제대로 다지지 못하면 모래의 부피가 늘어나 내구성을 해칠 우려가 있다. 왜 그럴까?

알갱이들 간의 마찰력은 알갱이들이 미끄러지지 않게 한다. 모래 위에 압력이 가해지면 아주 결속력이 강한 알갱이들은 굴러가면서 연쇄 작용을 일으켜 알갱이 하나의 모든 움직임이 점점 옆으로 영향을 미친다. 어떤 지대의 알갱이들을 압축하는 데 가해진 힘이 결과적으로 인근 지대의 조직을 파괴해 그 부분이 제대로 압축되지 않을 수 있다.

경험을 떠올려보면 그와 같은 상황을 잘 이해할 수 있다. 물기가 많은 질퍽질퍽한 해변을 거닐 때 발자국 주변에 생기는 둥그스름한 얼룩을 눈여겨본 적이 있는가? 물기가 빠진 모래, 또는 마른 모래로 만들어진 이 얼룩은 발걸음을 옮길 때 사라진다. 이 현상을 설명해보면 다음과 같다. 압력이 가해지면서 발자국 주변의 모래 알갱이들은 간격이 벌어지고, 그 사이로 물이 흘러드는 빈 공간이 생겨나 표면의 모래가 마르게 된다. 따라서 모래 표면의 한정된 지대에 압력을 가하면서 모래를 다지는 것은 부질없는 일이다. 모래를 살살 두드리면서 다지면 그러한 문제가 해결된다.

발에 짓눌린 지대 주변에서 모래 알갱이들은 서로 간격이 벌어지고, 그 틈으로 물이 흘러 들어가 표면의 물기가 마른다.

진동이 유도되어 알갱이들은 쉽게 분리되고, 더 이상 마찰력을 받지 않는 알갱이들은 더욱더 잘 얽혀 밀도가 커진다.

모래성 이야기로 되돌아가보자. 우리는 모래성을 쌓은 뒤 모래가 마르기 전에 해변을 떠난다. 운명에 내맡겨진 모래성은 공이 날아와 무너뜨리지 않아도 파도가 밀려와 부서뜨리지 않아도 끝내 무너지게, 아니 흘러내리게 마련이다. 다행히 그 어떤 것도 모래성을 건드리지 않는다면 모래성은 몇 달 동안 건재한다! 어떤 기적이 일어난 것일까? 바닷물이 증발하고 나면 결정체를 이룬 소금이 남아 모래 알갱이들을 이어주게 된다. 이른바 '소금 다리'인 셈이다. 그렇게 소금으로 고정된 성은 형체가 보존된다. 이와 동일한 원리로 우리 다리에 들러붙은 모래가 마르고 난 후에도 저절로 떨어지지 않는 것이다.

안타깝게도 모래로 지은 이 성은 쉽게 부서진다. 물과 달리 결정염은 액체가 아니며, 결코 '소금 다리'는 저절로 재건되지 않는다. 제아무리 '바다의 소금'일지언정 결국 모든 것은 한낱 먼지로 되돌아가나니…….

다시 튀어 오르거나 깨지거나!

타이타닉호가 침몰한 까닭은?

어떤 사물에 충격을 가하면
다시 튀어 오르거나
형태가 변하거나 아니면
깨져버린다.
그 결과는 충돌 상황에 직면한
소재의 내부 구조에 따라 달라진다.

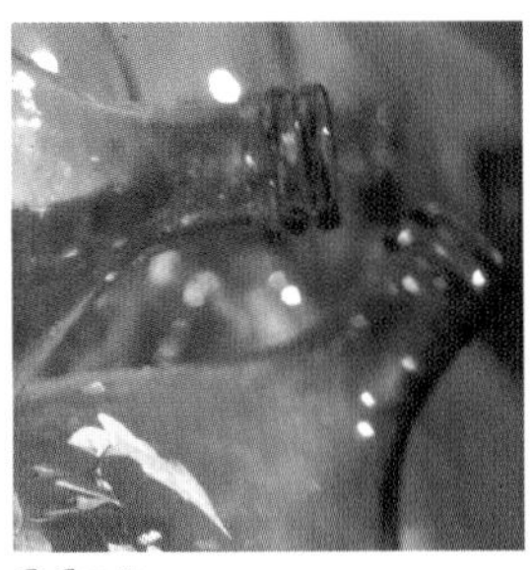

G. Courty

새 '탱탱볼'이 생겨 흥분한 어린이가 공을 주방 벽으로 힘껏 던졌다. 아이는 세게 튀어 오른 공을 잡지 못하고, 공은 전속력으로 멀어진다. 그 다음 충격으로는 어떤 일이 벌어질까? 공이 다시 튀어 오르면서 유리창이 깨지고 잼 통이 찌그러지지 않을까?

그 결과를 예측하기 위해서는 해당 소재의 행태를 아주 세밀하게 관찰해야 한다. 충격이 가해지면 공과 장애물 간에 강렬한 힘이 작용해 내부의 고형 물질을 압축한다. 우리 눈에 보이지 않는 미시 세계에서는 어떤 일이 벌어질까? 고체를 이루는 원자들은 다양한 상호작용, 즉 '결합 관계'로 결속되어 있다. 충격이 미미하다면 이 결합 관계는 작은 용수철처럼 늘어나거나 압축되며, 원자들을 원래 위치로 되돌리려는 경향이 있다. 소재에 따라 결합 관계의 강도와 수에는 차이가 있다. 고무(천연고무나 합성고무)와 같은 중합체는 여러 개의 기다란 원자 사슬로 이루어져 있으며, 각각의 사슬은 마치 고무줄처럼 쉽게 늘어나고 오그라든다. 고무는 사슬들을 연결해주는 분자 다리 덕분에 확고한 응집력을 갖는다. 분자 다리는 그 수가 아주 적어서 우리는 탄성이 그대로 유지되는 것을 직접 확인할 수 있다. 고무는 탱탱볼의 아주 좋은 소재다(그림 1 참조).

탱탱볼처럼 통통 잘 튄다

충격이 가해졌을 때, 탱탱볼의 속도가 급격히 줄어듦에 따라 미시 세계의 용수철들은 압축되어 에너지를 저장한다. 일단 공이 멈추면 이 용수철들은 늘어나고 역방향으로 그 공을 출발시킨다. 충돌이 진행되는 동안, 하나의 사슬 위에서 이웃하지 않은 원자들 간에 접촉이 일어나면서 내부 마찰이 유도되어 충돌 에너지의 일부가 열의 형태로 분산된다(무질서하게 흔들리는 원자들). 질 좋은

1. 고무의 성분인 중합체의 기다란 사슬에는 탄성이 있다. 그 사슬은 충격을 받는 순간 용수철처럼 압축되었다가 다시 늘어난다. 사슬들을 연결하는 화학 결합 덕분에 고무는 확고한 응집력을 갖는다. 이 결합 수가 많을수록 탄성은 줄어든다.

고무공이라면 충격이 일어난 뒤에 이전에 가졌던 에너지의 90퍼센트를 가지고 다시 출발하며, 나머지 10퍼센트는 열로 전환된다. 다시 말해 2미터 높이에서 떨어진 공이 다시 튀어 오르는 높이는 1.8미터이다. 이때 소재 1킬로그램당 약 2줄에 해당하는 에너지 손실분은 몇 백 분의 1도가량 온도를 높인다. 이런 효과는 아주 미미하지만, 충격이 반복되거나 공의 탄성이 약한 경우에는 눈에 띄게 커진다. 스쿼시 경기를 해본 사람이라면 알겠지만, 몇 분 동안 경기를 하고 나면 공은 온도가 약간 오를 뿐만 아니라 다른 방식으로 튀어 오른다.

충돌 에너지가 미미하다고 해도 모든 소재에는 어느 정도 탄성이 있다. 그러나 어떤 한계치를 초과하면 결합 관계가 깨질 수 있다. 결합 관계는 충격으로 압축되는 동안이 아니라 뒤이어 다시 늘어나는 동안 깨진다. 사실 원자들은 전자구름 간의 척력 때문에 서로 뚫고 들어가기가 어렵다. 이웃한 한 쌍의 원자에 세게 압력을 가해도, 원자 간 거리는 거의 변하지 않는다. 반대로 인장력을 가하면 원자들은 간격이 벌어져 원래 상태로 돌아가지 못해 결합 관계가 깨진다. 우리가 알고 있듯이 벽돌이나 유리 등 부서지기 쉬운 소재들이 높은 압력을 견딘다고 해도, 미시 세계에서 확인되는 그러한 사실이 우리 눈에 즉각 드러나지는 않는다. 소재의 조직(동질적인 조직 또는 극히 미세한 입자들로 구성된 조직)과 결함(움푹 파인 공간, 이물질 함유 등)의 유무는 소재 분류의 주요한 인자이다. 그렇지만 실험을 통해 소재는 크게 두 가지, 즉 유리처럼 깨지기 쉬운 소재와 알루미늄처럼 형태가 변하는 연성 소재로 분류된다(그림 2 참조).

유리를 예로 들어보자. 충격을 받은 유리는 매끄러워 보이는 표면을 따라 결대로 쪼개진다. 이 표면은 반반하기 때문에 깨지

는 결합 관계의 수는 유리 내에 존재하는 총 결합 수에 비해 극히 적다. 따라서 유리가 깨지는 데는 에너지가 거의 필요하지 않으며, 얼마 되지 않는 높이에서 떨어뜨리기만 해도 유리 제품은 파손된다. 유리가 이미 충격을 받았다면 더 쉽게 깨진다. 충격으로 표면에 지름이 몇 마이크로미터인 미세 균열이 생기고, 그것이 기폭제가 되어 안쪽 깊숙이 더 큰 균열이 일어난다. 그래서 유리는 얼마간 사용한 뒤보다 제작한 직후에 훨씬 더 내구성이 좋다. 만약 유리병 안에 조약돌을 넣고 이리저리 흔들었다면, 그 병은 살짝만 충격을 가해도 깨지고 만다.

2. 충격이 미미한 경우, 거의 모든 소재는 탄성을 드러내며 다시 튀어 오른다(오른쪽). 충격의 강도가 더 높으면(왼쪽) 유리는 깨진다. 강성 구조로 된 유리 내에서는 그다지 많지 않은 에너지로 충분히 균열을 따라 원자들 간의 결합을 깨뜨릴 수 있다. 금속의 경우는 형태가 변한다. 금속은 이온이 헤엄쳐 다니는 전자 바다에 의해 전연성을 가지며, 결합 관계는 깨지는 게 아니라 이동한다.

유리처럼 잘 깨지고 알루미늄처럼 쉽게 늘어난다

금속의 경우는 아주 다르다. 금속 내에서 원자의 바깥쪽에 있는 전자들은 거의 자유로운 상태다. 전자들은 양이온들 위에 떠다니며 '바다'를 만든다. 그리하여 금속은 확고한 응집력을 갖게 된다. 충격이 발생하면 움직임이 활발한 '전자 바다'는 전위되는 이온에 맞춰지기 때문에 금속에는 전연성(展延性)이 있다. 결합 관계는 깨지는 것이 아니라 자리를 옮긴다. 즉 그런 소재는 가소성이 있어서 충격을 받으면 깨지지는 않지만 형태가 바뀐다. 결합수가 거의 변하지 않기 때문에, 미미한 변형에 관여하는 에너지는 앞서 결을 따라 파손되는 데 필요한 에너지보다 훨씬 적다. 그렇게 해서 보통 크기의 우박은 차체에 움푹 파인 흔적을 남기지만, 차 앞 유리에는 별 영향을 미치지 않고 다시 튀어 오르는 것이다. 그렇다고 해도 변형 에너지는 대수롭지 않게 여길 정도는 아니다. 결합 관계가 재조정되려면 에너지가 필요하며, 이 에너지는 결국 열로 분산된다.

전연성이 있는 금속은 놀라울 정도로 늘어날 수 있다. 그런 금속을 더 늘이면 응력 때문에 그 소재의 결함 주변에 움푹 파인 공간이 점점 많이 생겨난다. 이 빈 공간들이 끝내 결합하면서 금속은 벌집처럼 구멍이 숭숭 뚫린 표면을 따라 갈라진다. 이런 파손은 변형이 금속 내부 전체에 영향을 미치고 난 후에야 발생하기 때문에, 이때 필요한 에너지는 상당하다. 그래서 구리 냄비나 맥주 캔은 떨어져도 깨지지 않으며, 아주 굵은 우박이 자동차 앞 유리는 산산조각 낼 수 있지만 차체는 부수지 못한다. 전연성 소재의 극단적인 사례가 납이다. 납으로 만든 공은 어떤 장애물에 부딪혀도 거의 튀어 오르지 않는다. 그 공은 짓눌려 납작해질 뿐 깨지지는 않는다.

깨지기 쉬운 속성과 늘어나기 쉬운 속성은 확연히 구분된다. 여러 소재는 온도에 따라 다른 양상을 보이는데, 저온에서 금속은 (그리고 탱탱볼도!) 부서지기 쉬운 속성으로 변해 파손된다. 일례로 품질이 좋지 않은 일부 강철을 들 수 있는데, 1950년대까지 그런 강철이 이용되었다. 그런 강철은 기온이 영하 몇 도로만 떨어져도 바로 깨져버렸다. 이런 결함 때문에 강추위에 선박이 파손되는 등 대형 사고가 일어나 이목을 집중시키기도 했다. '타이타닉호'가 그렇게 빨리 난파된 원인을 여기서 찾는 사람들도 있다. 갈라진 선체 틈새로 서서히 물이 들어온 것이 아니라, 한파로 약해진 선체가 빙산에 부딪히면서 생긴 커다란 구멍으로 많은 물이 쏟아져 들어왔으리라는 것이다. 오세아노 녹스.■

■ Oceano Nox, '검은 바다'라는 뜻의 라틴어. 1836년 빅투르 위고는 이 제목으로 시를 지은 바 있고, F. 클레냥은 동명의 소나타를 작곡했다.

완벽한 고정

고체 마찰력과 쿨롱의 법칙

암벽 등산용 등산화나 나사못은 고체 마찰력의 작용으로 미끄러지지 않는다.

화강암 암벽에 매달린 한 등반가가 다음과 같은 의구심에 사로잡혔다. 발을 디딘 암벽에서 발이 옆으로 미끄러지지는 않겠지만, 과연 거기에 전 체중을 실어도 될까? 몇 분 후, 함께 등반하던 동료는 접착판을 나사못으로 죄며 비슷한 걱정이 들었다. 만일 자신이 추락한다면 그 지지대는 그대로 고정되어 있을까? 고체 마찰력 법칙에 따르면 확실히 두 의문에 대한 답은 모두 '그렇다'이다. 어떻게 고체 마찰력으로 그런 완벽한 고정이 가능한지 분석해보자.

경험론에서 쿨롱의 법칙까지

바닥에 놓인 상자를 밀어본 사람은 알겠지만, 상자를 밀기 위해서는 최소한의 추진력을 가해야 한다. 추진력이 작을 경우 움직이지 않으므로 힘이 상쇄되어야 하는데, 그러면 도대체 어떤 힘이 이 추진력을 상쇄하는 걸까? 바로 '고체 마찰력'이다. 두 고체의 매끄럽지 않은 면이 서로 겹쳐진 상태에서 한 고체가 미끄러지려 할 때 이 힘이 나타난다. 어떤 움직임이 일어나는 동안에만 생기는 유체의 마찰(공기 저항 등)과 달리 고체 마찰력은 움직이지 않는 물체 위에서도 작용한다. 한계 마찰력을 넘어서면 그 물체는 덜컹거리며 움직이지만 고체 마찰력으로 물체의 속도는 떨어진다.

이삿짐 운송업자는 고체 마찰력의 기묘한 속성을 알고 있다. 똑같은 상자 두 개를 포개 놓든 연이어 놓든, 그 상자들을 밀 때 드는 힘은 동일하다! 놀랍지 않은가? 상자 하나 뒤에 또 다른 상자를 놓는 경우, 상자 두 개를 겹쳐놓았을 때보다 바닥의 접촉면이 두 배 더 크다. 16세기 초, 위대한 레오나르도 다 빈치는 이미 그러한 현상에 관심을 가졌다. 그렇지만 고체 마찰력 법칙을 처음으로 정리한 물리학자는 기욤 아몽통(1663~1705)이다. 그에 따르면, 맞닿아 있는 두 고체의 상대 운동에 필요한 접선력은 두 고체의 압력에 비례하며 접촉면의 넓이와는 무관하다는 것이다.

1785년 샤를 쿨롱(1736~1806)이 다음과 같이 규정한 내용을 오늘날 그의 이름을 따서 '쿨롱의 법칙'이라 한다. 그는 마찰력과 압력 간의 비례계수는 소재에 좌우된다는 것을 밝혀냈다. 1 정도의 값을 갖는 이 계수는 종이 위에 종이를 놓는 경우 0.4이며, 나무 위에 나무를 둔 경우 0.5, 암석에 고무창을 댈 경우 1에 달한다.

최대 정지 마찰력이 접촉면의 넓이와 관계없다는 사실은 오랫동안 풀리지 않는 수수께끼였다. 1940년대에 영국의 물리학자 프랭크 필립 보든과 데이비드 테이버가 비로소 그 원인을 발견했다. 고체의 접촉을 아주 세밀히 연구한 결과, 그들은 맞닿은 두 고체가 실제로는 거의 닿아 있지 않다는 사실을 깨달았다. 아무리 매끄러운 표면이라도 보통 10분의 1마이크로미터 크기의 미세한 요철이 있기 때문이다. 두 고체를 맞댈 경우 일차적으로 이런 우툴두툴한 요철 부위가 서로 접촉하며, 계속 요철이 맞닿게 되는 것이다. 그렇게 해서 두 고체 간의 실제 접촉면은 아주 미미하다.

겉으로 보이는 접촉면과 실제 접촉면

우툴두툴한 요철에 가해지는 압력은 누르는 힘을 실제 접촉면으로 나눈 몫과 같다. 이 압력은 아주 강해서 대개 모든 소재의 저항력을 능가한다. 그래서 요철이 짓눌리면서 접촉면이 증가하고, 압력은 이른바 '경도(硬度)'라는 극한값까지 감소한다. 균형 상태에서 실제 접촉면은 누르는 힘과 경도와 같아서 겉으로 보이는 접촉면에 전혀 좌우되지 않는다! 그래서 변 길이가 22센티미터이고 중량이 90킬로그램인 구리 정육면체가 구리 평면 위에 놓인 경우, 그 정육면체와 구리 평면의 접촉면은 약 1제곱밀리미터이다! 실제 접촉면은 겉으로 보이는 접촉면보다 약 5만 배 더 작은 것이다.

이제 겹쳐 있는 두 고체를 미끄러지게 해보자. 요철의 차원에서는 서로 맞물려 얽혀 있기 때문에 미끄러질 수가 없다. 일단 접촉 관계가 깨질 정도로 요철이 변형되어야만 움직일 수 있다. 한 고체가 다른 고체 위에서 미끄러지는 상황은 쇠로 된 솔이 금속

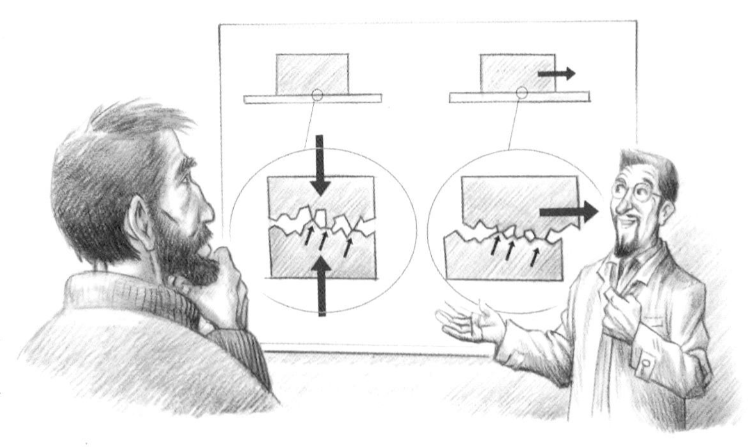

아주 정밀하게 관찰하면 고체의 표면에는 모두 울퉁불퉁 요철이 있다. 두 표면이 맞닿으면 요철이 서로 맞물리게 된다. 요철이 그다지 변형되지 않는다면 그 요철 때문에 고체는 잘 미끄러지지 않을 것이다.

면 위에서 미끄러지는 상황과 비교할 수 있다. 솔에 달린 털은 특히나 빳빳해서 잘 미끄러지지 않는데, 잠시 접혔다가 갑자기 다시 펴져서 결국 좀 떨어진 지점에 고정된다. 그런 솔이 왔다 갔다 하는 데 필요한 힘은 표면에 끼어 있는 털의 수에 비례하며, 그 숫자는 솔을 누를 때 증가한다. 마찬가지로 다른 고체와 접촉해 있는 한 고체를 움직이는 데 필요한 동력은 서로 맞물린 요철이 차지하는 면, 다시 말해 실제 접촉면에 비례하며, 따라서 누르는 힘에 비례한다. 아주 정밀하게 관찰하면 마찰력과 접촉면이 무관하다는 역설이 풀린다. 실제 접촉면은 우리가 생각하는 면과 다른 것이다. 상자의 역설은 해결되었다. 표면적이 두 배로 늘어나거나 압력이 두 배 더 세지더라도 접촉면은 동일하다!

완벽한 고정

이제 우리는 화강암 암벽의 경사면에 신발 끝을 살짝 올려두고 있는 등반가를 안심시킬 수 있다. 등반가는 거기에 전 체중을 실을 수 있을까? 등반가를 미끄러지게 하려는 힘(경사면과 나란한 체중의 분력)을 누르는 힘(경사면에 수직을 이루는 체중의 분력)으로 나누면, 우리는 그가 추락할지 알 수 있다. 등반가는 발을 지지면 위에 살짝 갖다대고 이 지수를 시험해본다. 그 지수가 신발 표면과 암벽의 마찰계수보다 낮으면 그는 미끄러지지 않는다. 그런데 경사면과 수평면 사이 a각의 탄젠트 값과 같은 이 지수는 전혀 등반가의 체중에 좌우되지 않는다! 등반가는 아무 두려움 없이 전 체중을 경사면에 실을 수 있으며, 두 손을 자유롭게 풀어놓아도 버틸 수 있다. 합성 고무와 물기 없는 암벽의 마찰계수는 약 1이며, 발끝을 살짝 올려둔 암벽면의 경사가 45도를 초과하지 않는 한 등반가는 미끄러지지 않는다. 45도면 상당히 큰 경사도이다!

신발은 어떤 면 위에서 그 면의 기울기(a각)가 클수록 더 쉽게 미끄러진다. 그 이유는 표면과 나란하게 작용하는 체중의 분력이 수직으로 작용하는 분력에 비해 크기 때문이다. 전자는 신발을 미끄러지게 하는 성향이 있고, 후자는 암벽 위에 신발을 고정해준다. 이 두 힘의 비율이 마찰계수를 초과할 때 신발은 미끄러진다.

두 번째 등반가 역시 마음을 놓아도 된다. 위를 약하게 잡아당길 때 접착판을 고정하는 너트가 풀리지 않는다면, 그는 더 큰 힘을 받아서 추락하지 않을 것이다. 나사의 경우는 볼트 축의 수직면과 나사못 마루의 각도 a가 경사도에 해당한다. 나사를 죄는 경우는, 경사면 위에 놓인 물체에 수평 방향의 힘을 가해 전진하게 하는 상황과 유사하다. 경사도가 상당히 약해 추진력이 미끄러지는 면과 거의 평행을 이룰 때 전진하기 쉽다. 그와 마찬가지로 a각이 작을 때 나사를 죄기 쉽다. 나사를 완전히 조여 단단히 고정하려면 대개 망치질을 하거나 마지막에 4분의 1바퀴를 더 돌린다. 망치질을 하면 나사못 마루의 요철이 볼트나 암벽의 요철과 더 많이 맞물리게 된다. 이런 고정 작업이 완료되면, 나사나 볼트의 축 방향으로 가해진 압력이나 인장력은 일체보다 작은 힘들로 재분산되어 나사못 마루의 개별 요소에 작용한다. 마루의 기울기가 아주 약하다면, 마루와 평행을 이루는 분력은 마루에 수직으로 작용하는 분력에 비해 극히 미미하다. 따라서 그 비율은 금속과 암벽(나사) 또는 금속과 금속(볼트)의 마찰계수보다 낮을 것이다. 그렇게 해서 나사못 마루의 임계각보다 작다면 볼트가 받는 인장력에 상관없이 볼트는 풀리지 않는다.

이 '미끄럼 각도'는 금속이 다른 금속과 맞닿은 경우 약 12도이며, 금속이 목재와 맞닿은 경우 약 20도이다. 그렇기 때문에 볼트 마루의 기울기가 나무 나사보다 작다. 즉석사진 촬영소에 설치된 의자는 나사를 돌려 높낮이를 조절할 수 있도록 되어 있는데, 이 의자를 통해 '나사'의 뛰어난 고정 효과를 확인할 수 있다. 어린이는 의자를 빙글빙글 돌려 나사를 풀어 의자 키를 높일 수 있는데, 그 상태에서 100킬로그램 나가는 어른이 앉아 두 발을 들어올린다고 해도 끄떡없다.

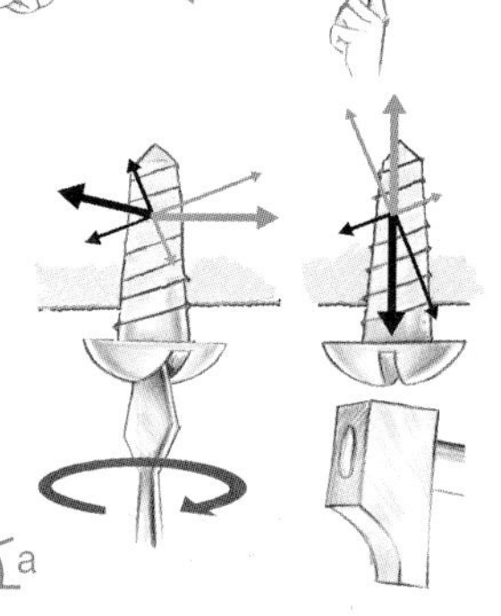

물체에 가속도가 붙을 때, 검은색으로 표시된 반작용은 주황색의 동력에 저항하지 못한다. 수직으로 박힌 나사 하나에 전 체중을 실어 매달릴 때에도 등반가는 고체 마찰력 덕분에 안전하다. 끝으로, 망치질을 하면 두 표면은 확실하게 맞물린다.

이른바 '버팀도리(flying buttress, 飛樑)'라는 이 원리는 기계 작동식 잭이나 벌목 인부의 쐐기 같은 수많은 장치에 활용되었다. 다른 방향에 있는 미미한 동력의 도움을 받아 일정 방향으로 강력한 압력을 얻는 것, 그리고 그 동력이 상쇄된다고 해도 얻어낸 성과를 잃지 않는 것이 관건이다. 우리의 두 번째 등반가는 볼트를 걱정하기보다는 오히려 하켄을 박은 암벽의 성질을 확인해야 한다.

바이올린이
아름다운 선율도 만들어내고
귀에 거슬리는 마찰음도
만들어내는 것은
바로 고체 마찰력과
탄성의 결합에서 비롯된다.

바이올린과 경첩

음향 효과에 숨겨진 물리학

G. Courty

브레이크 마찰음을 내며 자동차가 멈춘다. ……탐정은 귀를 기울인다. ……저 멀리 외딴 집에서 바이올린 소리가 난다. ……탐정이 삐걱거리는 철문을 민다. 공포 영화에 삽입되어 전율을 고조시키고 섬뜩한 음향 효과를 내는 이런 소리가 나는 원인은 동일하다. 바로 고체 마찰력과 탄성의 결합 작용.

귀에 거슬리는 마찰음은 주로 메마른 두 표면이 접촉할 때 그 사이에서 작용하는 고체 마찰력의 한 속성에서 비롯된다. 두 표면의 상대속도가 증가하면 이 마찰력의 강도는 감소한다. 다들 바닥에 놓인 상자나 가구를 밀면서 그런 경험을 해보았을 것이다. 상자를 움직이려면 최소한의 힘을 가해 수평으로 밀어야 한다. 이 힘은 상자 무게에 이른바 '정지마찰계수'를 곱한 값과 같으며, 정지마찰계수는 0.5~1에 이른다. 움직이기 시작하면 상자와 바닥 사이의 마찰이 줄어들기 때문에 계속해서 움직이는 데 필요한 힘은 더 작다. 그 힘은 언제나 무게에 비례하며, 이른바 '운동마찰계수'는 정지마찰계수보다 약 25퍼센트 작다.

이제 이 상황에서 탄성을 덧보태기 위해 신축성이 있는 탄성로

프로 상자를 끌어당겨보자. 로프가 상자에 전혀 힘을 가하지 않는 상태에서 출발해, 일정한 속도로 천천히 그 로프를 끌어당기자. 로프가 늘어나면서 로프의 장력과 로프가 상자에 가하는 힘이 증가한다. 하지만 상자는 이 힘이 정지 마찰력을 초과할 때까지 움직이지 않는다. 정지 마찰력을 초과하면 상자가 움직이기 시작하고, 마찰력은 25퍼센트 정도 감소한다. 늘어난 로프의 길이가 25퍼센트 줄어들지 않는 한, 로프가 상자에 가하는 힘은 여전히 운동 마찰력보다 크며 상자에는 가속도가 붙는다. 그러고 나서 상자는 제동이 걸려 속도가 떨어진 다음 멈춘다.

고정-미끄럼

정지 마찰력 상태로 돌아갔기 때문에 상자를 다시 움직이려면 새로 로프를 늘여야 하는데, 이것을 이른바 '고정-미끄럼(stick-slip)' 운동이라고 한다. 이 과정에서는 작동자가 제공하는 에너지가 탄성의 형태로(여기서는 로프 안에) 저장되는 고정 단계와, 그 에너지가 운동 에너지 형태로 급격히 발산되며 마찰 때문에 열로 분산되는 미끄럼 단계가 번갈아 나타난다.

급격하고 불규칙한 움직임은 '고정-미끄럼' 과정의 특징이라 할 수 있다. 그 움직임을 늘 육안으로 볼 수 있는 것은 아니지만, 움직임이 상당히 자주 일어나면 그 소리를 들을 수는 있다. 예를 들면 귀에 거슬릴 정도로 삐걱거리는 문소리나 브레

인장력이 정지 마찰력보다 작으면 상자는 움직이지 않는다(a). 상자가 움직이기 시작할 때 마찰력은 감소한다(b). 상자는 가속도가 붙어 걸어가는 사람을 따라잡은 다음 멈춘다(c). 이제 로프의 탄성이 줄어들었기 때문에 고정-미끄럼 과정이 다시 시작된다.

이크와 타이어의 마찰음, 식사가 끝날 무렵 젖은 손가락 때문에 식탁 유리가 떨리는 소리 등이 있다. 탄성은 때로 잘 감춰져 있긴 해도 늘 존재한다. 그리하여 문을 열 때 문틀을 경첩, 그리고 그에 따라 벽과 연결하는 얇은 금속판은 휘어지고, 마찰력으로 인해 경첩의 두 부분이 미끄러지지 않는 동안 용수철처럼 작동한다. 충분한 힘이 가해지면 두 표면은 겹쳐진 상태에서 단번에 미끄러지고 얇은 금속판은 원래 모습으로 되돌아가며, 그러한 과정이 반복된다.

어떻게 하면 귀에 거슬리는 마찰음을 제거할 수 있을까? 다시 앞서 말한 상자의 예를 들어보자. 고정-미끄럼 과정의 중단과 반

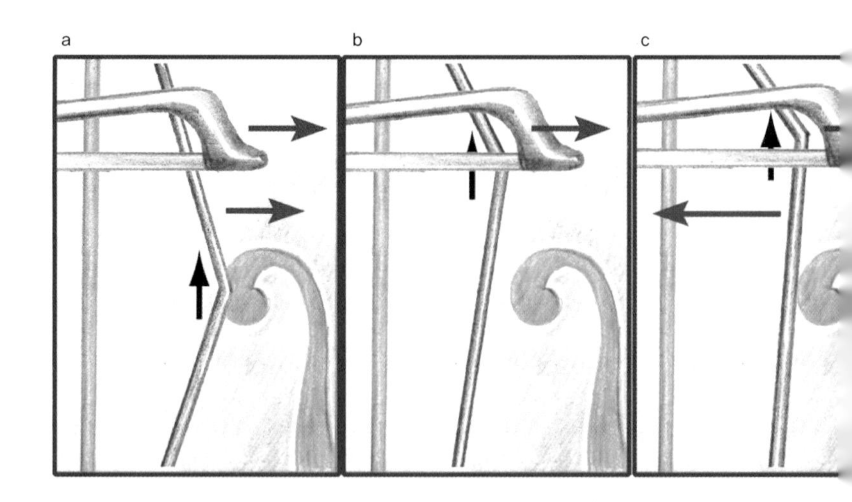

복을 피하기 위해서는 상자가 움직이기 시작할 때 로프 안의 압축력이 지나치게 감소해서는 안 된다. 다시 말해 상자의 속도가 로프를 끌어당기는 속도보다 더 빠르면 안 된다. 첫 번째 해법은 저장된 탄성 에너지를 줄이고 거의 탄성이 없는 금속 막대로 가방을 끄는 것이다. 두 번째 방법은 재빨리 끌어당기는 것이다. 그러니 미처 경첩에 기름칠을 하지 못했다면, 단번에 문을 열어 귀에 거슬리는 소리가 나지 않도록 해야 한다.

듣기 좋은 마찰음

우리는 마찰음을 제거하는 대신, 바이올린 현같이 자연스럽게 주기적으로 움직이는 시스템과 고정-미끄럼 운동을 결합해 그런 소리를 매끄럽게 다듬기도 한다. 가로 방향으로 미미하게 일어나 현에서 확산되는 변형은 현의 양끝에서 반사된다. 양상이 어떻든 변형 과정은 주기적으로 왕복 운동을 하며, 그 주기는 현의 길이를 확산 속도로 나눈 몫의 두 배와 같다.

그렇게 떨리는 현에 활을 마찰하면 어떻게 될까? 송진을 바른

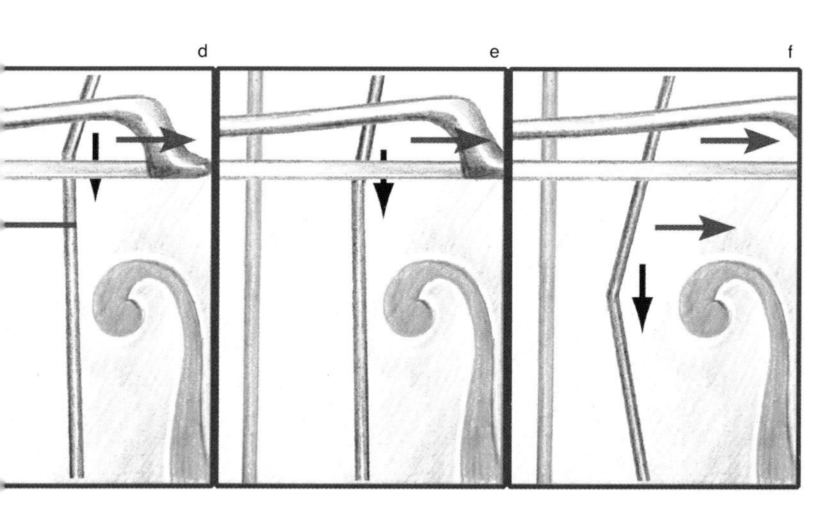

활이 현 위에서 고정되고 미끄러지는 과정. '고정' 단계에서는 오른쪽으로 이동하는 활(빨간색 화살표)이 현을 끌고 간다(a). 변형(검은색 화살표)이 도달하면 활의 움직임과는 무관하게 활 위에서 미끄러지기 시작하던 현이 떨어져 나온다(b). 이 과정이 '미끄럼' 단계다. 변형은 줄받침 쪽으로 확산되고(c), 그곳에서 반사되어 활 쪽으로 되돌아온다(d). 활에 변형이 도달해 현이 다시 활 위에 걸린다(e). 활이 현을 끌고 가는 동안, 변형은 현침 쪽으로 나아간다(f). 거기서 반사된 다음, 변형은 활 쪽으로 되돌아가고(a) 고정-미끄럼 과정은 다시 시작된다. 보라색 화살표는 현의 전체 움직임을 나타낸다.

바이올린 활 때문에 정지마찰계수가 높아지며 활은 현을 '물어뜯는다'. 연주를 시작할 때 처음 움직이는 단계에서 활이 현을 끌고 간다. 현은 휘어지면서 양궁 활의 시위처럼 바이올린 활에 점점 더 큰 힘을 가한다. 이 힘이 한계값을 초과할 때, 현은 '떨어져 나와' 활이 움직이는 방향과 반대로 미끄러지기 시작한다. 새로 이루어진 변형은 현을 따라 줄받침까지 확산되며, 그곳에서 반사되고 역전되어 활 쪽으로 되돌아온다. 이 첫 번째 이행 단계에서 현은 미미하게 흔들리고, 이 흔들림에 의해 다시 활에 걸린 현은 새로 끌려간다. 그러는 동안 팔꿈치마냥 튀어나온 현의 변형 부분도 계속 제 길을 가서 현침이나 연주자의 손가락에 의해 반사되고, 활 쪽으로 되돌아와서는 미끄러지기 시작하는 현을 떼어놓는다. 이 과정이 계속 이어지는 것이다.

그렇게 해서 연주를 시작할 때를 제외하면, 현의 탄성 때문이 아니라 주기적으로 변형이 도달하기 때문에 고정-미끄럼 과정이 일어나게 된다. 그리고 고정-미끄럼 과정은 자연스럽게 전개되는 단계를 지나 이제는 제어된다! 현의 길이(이 길이는 손가락 위치에 따라 변화되기도 한다)와 현의 압축력(변형의 확산 속도를 결정짓는다)에 좌우되는 운동 주기에 따라 소리의 높낮이가 정해진다.

아름다운 소리를 만들어내고 싶은 연주자는 현이 저절로 걸렸다가 떨어지는 게 아니라 오직 변형이 옮겨가야만 가능하다는 사실을 확신한다. 충분한 압력을 유지해 적절하지 않은 시점에 활이 미끄러지지 않도록 유의해야 하지만, 지나가는 현의 흔들림에 의해 현이 떨어질 수 있도록 압력이 너무 크지 않아야 한다. 압력이 너무 크면 활의 위치와 이동 속도가 소리의 높낮이에 아무런 영향도 미치지 못한다. 한편 활의 이동 속도는 '고정' 단계 동안 현의 속도를 좌우하여 변형의 폭, 즉 성량(聲量)을 결정짓는다. 연주자가 활을 빨리 움직일수록 소리는 더욱 강렬해진다.

활에 힘을 너무 주거나 적게 주는 등 활의 압력을 제대로 제어하지 못하는 초보자라면 아름다운 선율을 이끌어내는 대신 듣기 거북한 소리만 만들어낼 것이다. 물론 물리학 법칙을 안다고 해서 바로 거장이 되는 것은 아니다. 그러나 여러분이 연주를 잘하지 못한다면, 적어도 그 이유는 알 수 있을 것이다.

보조보조의 원리

저절로 돌아가는 회전 날개의 비밀

보조보조는 솔깃한 거짓말인 양
사람들을 현혹한다.
이 기구는 분명
아마추어 물리학자들의 관심을
끌어 모을 것이다.

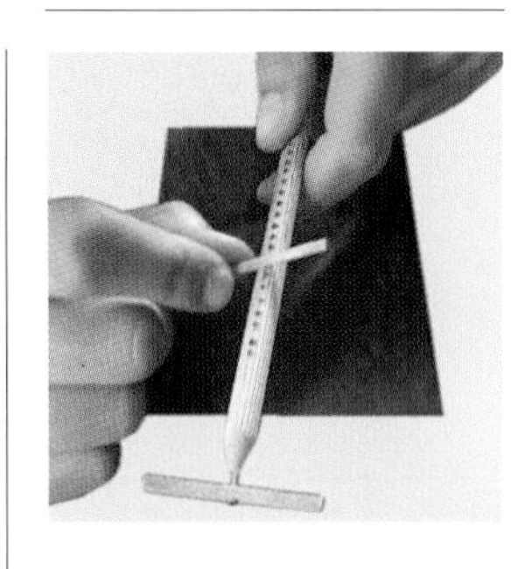

'보조보조(Bozo-Bozo)'는 여러 개의 요철이 있는 막대의 끝에 회전 날개를 못으로 박아놓은 것이다. 그 요철 부분을 금속 막대로 문지르면 회전 날개가 못 주위를 돌기 시작한다! 나아가 회전 방향을 제어하기도 한다. 교대 운동을 회전 운동으로 변환하는 것은 오랜 꿈이었다. 보조보조가 바로 그 꿈을 실현한 것이다. 여전히 풀리지 않는 부분이 남아 있긴 하지만, 물리학 원리를 통해 그 작동 방식을 밝힐 수 있다.

보조보조, 고리 그리고 훌라후프

보조보조의 회전 날개 가운데에는 구멍이 뚫려 있으며, 그 지름이 구멍을 통과하는 못의 지름보다 커서 회전 날개는 자체 축을 중심으로 자유롭게 회전한다. 손가락으로 튕기면 회전 날개가 3~4초 동안 계속 돌아간다. 보조보조를 사용하는 사람은 요철 부위를 작은 막대로 문질러 회전 날개를 돌린다.

이렇게 진동하는 동안 회전 날개와 접촉하는 것은 못뿐이며, 못이 단독으로 회전 날개를 돌린다. 그렇지만 나무 막대에 박힌

못은 스스로 돌지 않는다! 우리는 몸으로 훌라후프를 돌리거나 팔에 고리 하나를 끼워 돌리는 좀더 친숙한 사례를 참고로 이러한 역설을 해결할 것이다. 팔을 앞으로 쭉 뻗어 손목이나 팔뚝에 고리를 놓고, 먼저 팔로 넓게 원을 그리며 고리를 돌린다. 팔의 각 지점은 원을 따라 이동한다. 팔을 아주 빨리 움직이면 원심력 때문에 고리는 그대로 팔에 닿아 있고 고리의 중심이 팔 주위로 원을 그린다. 이런 움직임을 변화시켜보자. 고리가 최저점에 다가가고 지지점이 위쪽 높이 있을 때 팔을 세게 들어올리자. 이 충격으로 고리에는 짝힘이 만들어지고, 고리의 회전에는 가속도가 붙는다. 고리가 다시 올라가기 시작할 때 팔을 멈추자. 그리고 고리가 높은 지점 쪽으로 옮겨갈 때 단번에 팔을 내리자. 이번에도 짝힘이 작용해 고리의 속도는 더 빨라진다. 그렇게 해서 적절한 주기로 그저 팔을 위아래로 흔들어주면 고리는 계속 돌아가게 된다. 직접 해보면 확실하게 이해할 수 있다. 훌라후프 애호가라면 알고 있을 텐데, 먼저 몸을 비틀어 어느 정도 훌라후프를 돌린 다음에는 몸을 앞뒤로 부드럽게 흔들어주기만 해도 훌라후프는 떨

1. 계속해서 돌아가는 훌라후프(a)는 보조보조의 요철 부분을 작은 막대로 문지르면 회전 날개가 계속 돌아가는 경우(b)와 유사하다. 발이 훌라후프에 가하는 힘(보라색)은 훌라후프와 발목의 접촉을 유지하는 수직 방향의 분력(파란색)과 보조보조의 회전 날개처럼 스스로 돌아가도록 하는(초록색 화살표) 훌라후프의 접선력(빨간색)으로 나뉜다. 보조보조 막대 끝에 있는 못은 막대의 진동 때문에 원 운동을 하고(빨간색), 회전 날개는 마찰에 의해 움직인다.

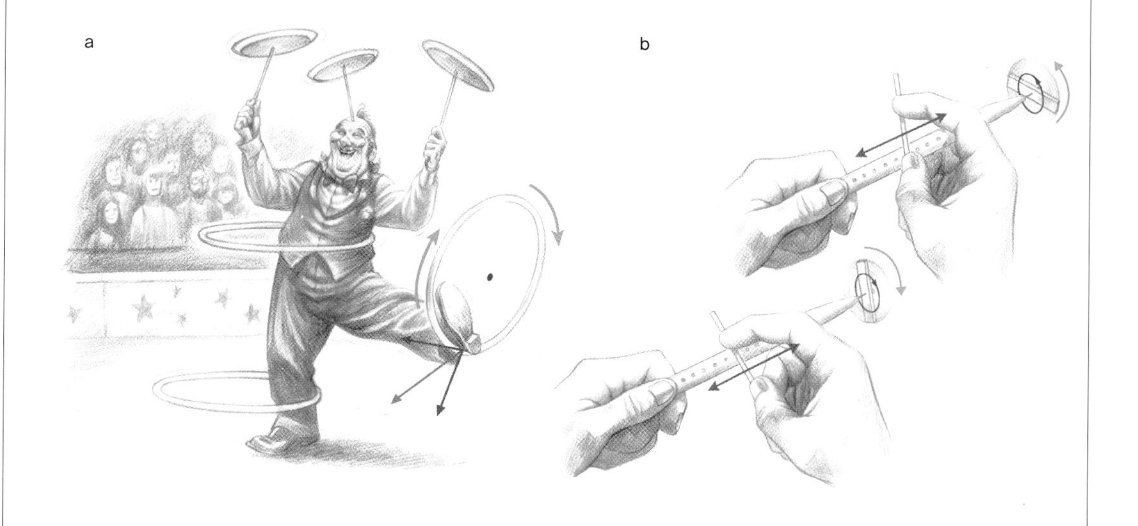

어지지 않고 계속 돌아간다.

이제 우리는 고리의 중심이 원을 그린다는 사실을 알았다. 남은 과제는 보조보조의 회전 날개처럼 고리가 자체적으로 돌아간다는 사실을 밝혀내는 것이다. 접촉 지점에서 팔이 고리에 가하는 힘에 관심을 가져보자. 이 힘의 한 축은 고리 표면에 수직으로 작용하고, 또 다른 축은 고리 표면과 나란하게 작용한다. 고리 표면과 나란하게 작용하는 힘은 마찰력으로 팔 위에서 고리가 미끄러지지 않게 한다. 그 마찰력 때문에 고리에 짝힘이 만들어지고, 고리가 자체적으로 회전해 결국 애초에 팔이 움직이는 방향을 따라가면서 미끄러지지 않고 팔 위에서 굴러가는 것이다. 이런 메커니즘은 톱니바퀴 장치와 유사하다. 그래서 고리의 자체 회전 속도는 고리 중심이 팔 주위를 회전하는 속도에 고리의 지름을 고리와 팔의 지름 차로 나눈 몫을 곱한 값과 같다는 결론이 나온다.

2. 회전 날개(갈색 고리, 두 개의 검은색 선으로 표시돼 있는 날개)는 미끄러지지 않고 못(노란색) 위를 회전한다. 회전 날개의 중심(빨간색 점)은 못의 중심(초록색) 주위로 원을 그리며 이동한다. 회전 날개가 못 주위를 돌 때, 그 둘의 접촉점(파란색 점)이 못 위에서 지나간 거리(파란색 선)는 고리 위에서 지나간 거리(검은색 선)와 동일하다. 한 번 회전한 후에, 처음 접촉점(검은색)이 지나간 거리는 갈색 고리의 내부 둘레와 못 둘레의 차이와 같다. 따라서 이때 회전 날개의 회전 주기는 못이 회전하는 주기의 4분의 1이며, 못의 회전 주기는 요철 막대의 진동 주기와 같다.

그렇게 해서 팔의 원 운동이 고리의 자체 회전으로 바뀐다. 이 메커니즘으로 보조보조의 작동 방식을 규명할 수 있을까? 여러분이 재현해볼 수 있는 몇몇 실험을 통해 긍정적인 결론을 이끌어낼 수 있다. 보조보조 막대에 연필을 고정해두면 못의 운동을 파악할 수 있다. 연필이 그리는 궤적을 더 쉽게 판독하기 위해 연

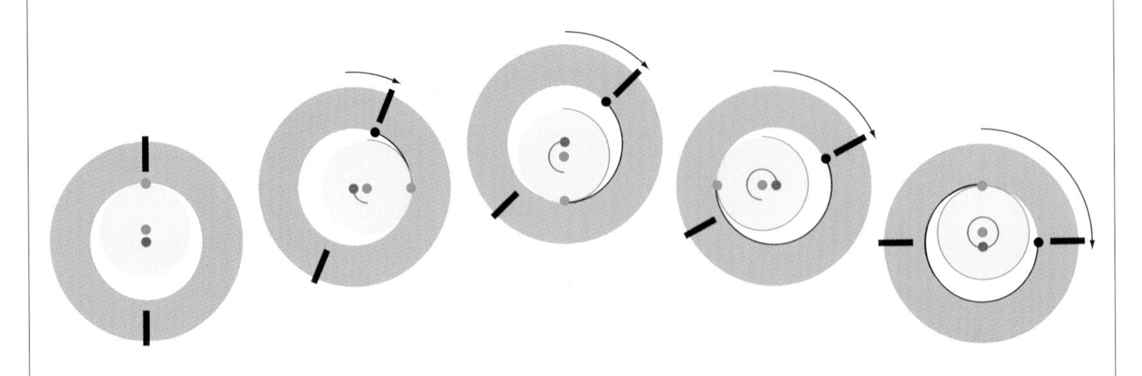

필심이 종이 위에서 천천히 움직이도록 하면 연필 끝부분의 위치가 어떻게 바뀌는지 더 확연히 드러난다. 연필의 궤적은 명확하다. 보조보조를 문질러 회전판이 돌아갈 때, 못은 예상 방향으로 거의 원에 가까운 궤적을 따라 움직인다(그림 2 참조). 또 다른 실험을 통해 확인한 결과, 팔로 고리를 돌리는 경우와 마찬가지로 못이 그저 위아래로 흔들리기만 해도 회전 날개는 돌기 시작했을 때의 방향과 상관없이 계속 돌아간다. 보조보조의 회전 날개를 손가락으로 튕겨 움직이게 한 다음 작은 막대로 요철 부분을 문질러주면 회전 날개는 계속 돌아간다. 끝으로 (레이저, 포토다이오드■, 오실로스코프■■를 이용해) 회전 날개의 회전 주기를 막대의 진동 주기와 비교해볼 수 있는데, 회전 날개의 회전 주기가 네 배 정도 더 적다. 이러한 사실은 회전 날개가 미끄러지지 않고 못 위를 회전하는 상황에 잘 부합한다. 왜냐하면 필자가 가지고 있는 보조보조는 못의 지름이 회전판에 뚫린 구멍 지름의 4분의 3과 같기 때문이다(그림 2 참조).

■ 빛의 세기에 따라 광전도성이 변하는 반도체 다이오드.

■■ 전압이나 전류의 입력 파형 변화를 음극선관 화면을 통해 시각적으로 보여주는 장치.

못의 비대칭 운동

그렇게 해서 못 끝이 원 운동을 하기 때문에 회전 날개가 돌아가는 것이다. 작은 막대를 쥔 손이 보조보조의 요철 부분에 가하는 힘이 날개의 원 운동을 결정한다. 이러한 손동작을 설명하는 데 여러 가지 가설이 제시되었다. 결정적인 증거가 없으니 셜록 홈스처럼 접근해보자. 좋지 않은 가설을 제거해 나가다보면 좋은 가설이 남게 될 것이다.

먼저 나무 안에서 확산되는 파를 이용해 못의 운동을 설명하려는 시도가 있었다. 그들은 작은 막대의 운동에 의해 파가 보존될 것이라고 생각했다. 보조보조의 경우, 이 파에 해당하는 주파수는 대개 킬로헤르츠를 초과한다. 그 주파수는 1초 안에 보조보조에 난 25개의 요철 홈 위를 한 번 왔다 갔다 하면서 얻게 되는 여기(excitation, 勵起) 주파수 50헤르츠보다 명백히 더 높다. 회전 날개 반대 방향에 있는 막대의 끝을 바이스로 조여보고는 결국 이 가설이 옳지 않음을 확인했다. 보조보조가 변형되지 않는다면 못은 움직일 수 없다. 확인된 사실에 따르면 이 경우 회전 날개를 돌리기가 아주 힘들며, 변형은 아주 미미하고 파동 가설이 효과가 없다는 것을 잘 보여주었다.

또 다른 가설은 손가락과 접촉하면서 고정점이 생겨 보조보조가 그 점 주위를 회전하리라는 것이다. 이 경우 못은 수직으로 흔들리는 것이 아니라 호 위에서 왕복 운동을 하게 될 것이다. 그렇지만 보조보조가 실제 고정점(예를 들어 탁자 모서리)에 닿으면, 회전 날개는 더 이상 돌지 않는다는 사실을 확인할 수 있다. 그렇다면 막대를 받치는 손가락은 어떤 구실을 하는 걸까?

물론 그렇게 받치면 막대를 따라 비대칭이 유발되고, 끝이 직선으로 흔들리는 대신 더 광범위하게 타원형으로 운동한다는 주장이 언제든 제기될 수 있다. 더 정확히 말해, 가장 이치에 맞는 생각은 작은 막대가 가하는 수직 여기에 손가락이 가하는 수평 여기가 추가되어, 못의 수직 운동에 다시 수평 운동이 추가된다는 가설이다. 작은 막대는 잘 휘지 않고 손가락은 훨씬 유연하기 때문에 그러한 운동은 너비도, 주기도 같아야 할 필요가 전혀 없다. 그래서 못이 타원형을 그린다는 결론이 나온다. 아무리 명쾌하다고 해도 이 추론으로는 받침점이 왼쪽에 있을 때 못이 시계 방향으로 타원형을 그리는 이유를 도무지 설명할 수가 없다!

그러므로 알쏭달쏭한 보조보조 원리를 깨닫기까지, 물리학 애호가와 아마추어 물리학자들에게는 여전히 과제가 남는다. 끈기 있는 사람이라면 다음과 같은 2단 보조보조의 수수께끼에도 덤벼 들어 보라. “그저 첫 번째 보조보조와 맞닿아 있을 뿐, 막대로 문지르지도 않았는데 어떻게 두 번째 보조보조의 회전 날개가 돌아가고 또 그 회전이 제어되는 걸까?”

위아래가 뒤바뀐 추의 수수께끼

노벨 물리학상 수상자 볼프강 파울의 이온 트랩

위아래가 뒤바뀐
추의 균형을 잡으려면
추의 접점을
빨리 흔들어야 한다.

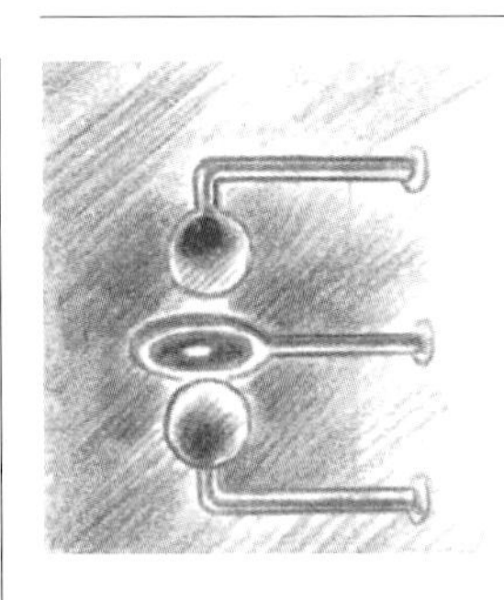

아슬아슬한 재주를 부리는 곡예사들이 가늘고 긴 핀과 빗자루를 코나 발 위에 올려놓은 채 떨어뜨리지 않는 모습을 보면 우리는 놀라움을 금치 못한다. 특별한 기교를 부리지 않고 그와 같은 물체의 균형을 유지하기 위해 물리학자들은 이런 '추'의 아래쪽을 고정하고 접점이 흔들리게 한다. 독일의 물리학자 볼프강 파울은 이러한 역학 안정성에 착안해 한 트랩을 만들었는데, 이 트랩으로 특정한 한 이온을 보존하고 관찰할 뿐만 아니라 또 그 이온의 무게도 잴 수 있다.

곡예사는 솔이 위로 향한 상태에서 빗자루의 균형을 잡기 위해 그 움직임을 지켜보거나 그 느낌을 감지해 그에 맞게 몸을 수평으로 옮긴다. 20세기 초, 물리학자 A. 스티븐슨이 제안한 방법은 특별히 민첩한 자질이 필요하지 않다. 거꾸로 세운 빗자루의 아랫부분을 빠르게 흔들어주면 균형이 잡힌다는 것이다. 여러분도 실톱을 가지고 직접 시험해볼 수 있다(물론 세심하고 신중하게 시험할 것!).

접점이 아래쪽에 있을 때 추의 균형은 불안정하다. 추가 완벽하게 수직 상태라면 무게의 짝힘, 다시 말해 무게중심에서 수직으로 접점에 이르는 거리와 무게를 곱한 값은 0이며, 전혀 돌지 않는다. 아주 조금이라도 추가 기우는 순간 짝힘은 더 이상 0이 아니다. 이 짝힘으로 추는 흔들리며 수직 상태에서 점점 더 멀어진다. 반대로, 접점이 위쪽에 있는 '정상' 추는 무게의 짝힘 덕분에 균형 위치로 되돌아가서 안정을 이룬다.

어떻게 하면 위아래가 뒤바뀐 추의 균형을 잡을 수 있을까? 해답은 바로 '중력을 역전시키는 것'이다! 이런 기발한 발상이 해법의 시초가 된다. 엘리베이터를 탔을 때의 느낌을 떠올려보자. 엘리베이터가 내려가기 시작하면 구토증을 느끼며 중력이 줄어든 것 같다고 생각한다. 엘리베이터가 자유낙하한다면 엘리베이터 안의 가속도는 중력가속도와 같으며, 마치 무중력 상태에 빠진 듯 우리는 그 안에서 둥둥 떠오를 것이다. 가속도가 너 높다면 엘리베이터 내부에서 느끼는 중력이 위쪽으로 작용해 우리는 천장에 달라붙은 상태로 균형을 잡을 것이다. 이때 우리는 체중 이외에 추가로 관성력이라는 어떤 힘을 받는 것 같다. 그 힘의 강도는 질량에 엘리베이터 내부의 가속도를 곱한 값과 같지만, 힘의 방향은 가속도와 반대다.

마찬가지로 추의 접점을 아래쪽으로 세게 끌어당기면 추가 균형을 잡게 될 것이다. 그러나 안타깝게도 이 동작은 중단되어야 하며, 다시 올라가기 위해서는 접점을 위쪽으로 잘 당겨야 한다. 이때 아래쪽으로 작용하는 관성력이 무게에 추가되면서 추의 균형은 불안정해진다. 이런 식으로 접점이 흔들리면 우리의 의문을 풀어주는 데에는 아무런 효과가 없을 것 같다. 관성력이 같은 시간 동안 위로 작용했다가 아래로 작용하는 과정이 동일한 강도로 이루어지므로 관성력의 평균값은 0이다. 그렇지만 이제 우리는 추가 움직이는 동안 이 힘에 의해 작용하는 짝힘의 평균값은 0이 아니며, 진동이 중력을 물리칠 수 있다는 사실을 알게 될 것이다.

평균 짝힘은 0이 아니다

위아래가 뒤바뀐 추의 예를 하나 들어보자. 그 추는 무게중심에서 접점에 이르는 거리(추의 길이)가 20센티미터이다. 추의 접점을 주파수 50헤르츠, 너비 1센티미터로 진동시켜보자. 해당 가속도는 약 $1000m/s^2$으로, 중력가속도(9.8)보다 훨씬 높다. 관성력은 추 무게의 100배이다. 그럼 잠정적으로 중력을 잊고서 이 추의 운동을 분석해보자. 추를 수직선에서 1도 기울여보자. 접점의 진동

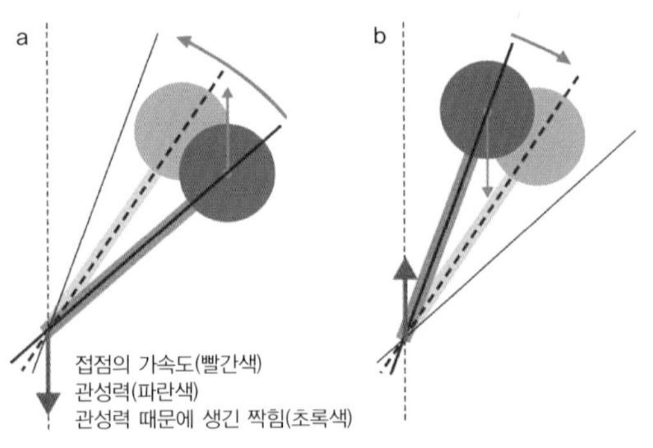

위아래가 뒤바뀐 추는 접점의 진동으로 안정을 유지한다. 추는 접점이 수직으로 진동하면 중간 위치에서 양쪽으로 흔들린다. 다음의 두 단계가 연속으로 이어진다. 첫 번째 단계에서 접점은 아래로 가속도가 붙고(a), 관성력 때문에 생겨난 짝힘은 추를 축 쪽으로 다시 데려가려는 경향이 있다. 두 번째 단계에서 접점은 위로 가속도가 붙고(b), 관성력의 짝힘 때문에 추는 축에서 멀어진다. 첫 번째 단계의 추가 축에서 더 많이 떨어져 있기 때문에 관성력의 짝힘은 두 번째 단계보다 첫 번째 단계에서 더 강하다. 그래서 이 두 단계 동안 관성력으로 생겨난 짝힘의 평균값은 0이 아니며, 추는 수직선으로 되돌아온다. 이러한 역학 안정성은 다양한 물리 장치에 이용되고 있다.

때문에 추는 그 중간쯤에서 흔들린다.

접점이 올라가면서 추의 중간을 통과하는 순간, 추는 평균 1도 기울어지며, 각속도에 의해 수직선에서 멀어진다. 접점이 올라가는 동안 접점의 가속도는 아래쪽으로 향하고, 관성력은 위쪽으로 작용한다. 이때 추는 다시 수직선으로 데려가는 짝힘을 받는 것이다. 추의 회전 속도는 점차 감소해 결국 방향이 바뀌게 된다. 그렇게 해서 추는 수직선에서 멀어져 최대 1.05도에 도달한 다음, 갔던 길을 되돌아온다. 접점은 추가 원래 각도인 1도로 되돌아가는 중간 위치로 내려가면서 되돌아온다. 그러나 회전 속도 덕분에 추는 수직선에 근접한다. 이 중간 위치에서 접점은 속도가 떨어지면서 내려가는데, 접점의 가속도가 이미 방향이 바뀌어 위쪽으로 향하기 때문이다. 그때 관성력은 아래쪽으로 작용하며 추를 축에서 떨어뜨리는 경향이 있다. 그래도 추는 최대 0.95도까지 회전한 다음 접점과 동시에 자신의 중간 위치로 되돌아온다.

그렇게 해서 관성력이 위로 향할 때 추의 각도는 1~1.05도에 이르며, 추의 무게중심은 추가 처음에 1도 기울어져 있을 때보다 수직선에서 더 멀어진다. 반대로 관성력이 아래쪽으로 향할 경우, 추의 각도는 0.95~1도에 이르며 무게중심은 축에 더 근접한다. 이 두 단계에서 관성력은 강도가 같기 때문에, 관성 모멘트는 관성력에 의해 추가 흔들릴 때보다 다시 올라갈 때 훨씬 더 크다. 그래서 평균적으로 짝힘은 추를 다시 세우려는 경향이 있다. 이 예에서 관성력의 평균 짝힘은 무게의 평균 짝힘보다 2.5배 더 크며, 위아래가 뒤바뀐 추는 안정을 유지한다.

하나의 이온은 그 이온을 어떤 지점에 근접시켰다가 다시 멀리 떨어뜨리는 전기력의 영향을 받아 흔들린다. 전기력은 전자가 그 지점에 근접해 있는 경우보다 그 지점에서 멀리 떨어져 있을 때 더 크다. 트랩의 가운데에서 이온은 안정을 유지한다.

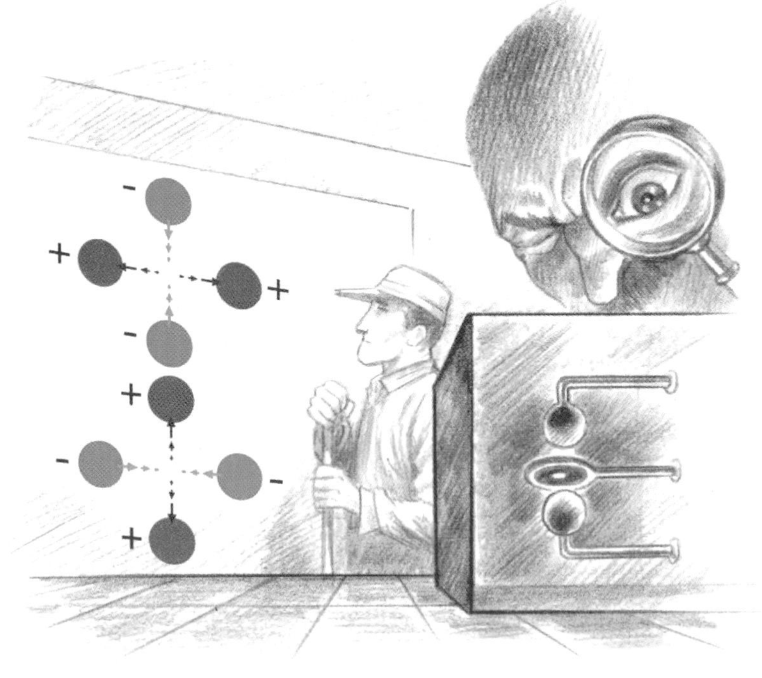

파울의 트랩

물리학자 볼프강 파울은 다른 맥락에서 이러한 효과를 활용했다. 오랫동안 물리학자들은 하전입자를 가둬놓기 위해 골몰해왔다. 전기력은 전하량에 전기마당의 세기를 곱한 값과 같으며, 그 힘은 이온 하나의 무게를 쉽게 상쇄한다. 하지만 그 힘으로도 이온 하나를 특정 장소에 보존하지는 못한다. 양이온의 경우 그 지점으로 수렴되는 전기마당을 만들어야 하는데, 여러 전자기 법칙 때문에 그럴 수가 없다. 적절하게 놓인 전극을 이용하면 한 지점에서 전기마당이 0이 될 수 있지만, 그래도 생성된 전기마당은 전하가 약간 멀리 떨어져 있을 때, 다시 말해 균형이 불안정할 때 적어도 한 방향을 따라 전하를 훨씬 더 멀리 떨어뜨리려 한다. 파울 슈타인베델과 볼프강 파울은 전기마당을 신속하게 흔드는 방법을 고안했는데, 볼프강 파울은 이 아이디어로 1989년 노벨상을 받았다. 균형점 근처에 놓인 이온은 전기마당의 진동을 따라가며 전기마당의 폭이 변하는 지대를 탐사한다. 위아래가 뒤바뀐 추와 마찬가지로 그 지점 부근에서 전기마당의 평균값은 0인데, 빠르게 진동하는 이온이 받는 평균력은 0이 아니며 이온은 이 힘 때문에 가운데로 되돌아간다.

파울이 고안한 트랩을 통해 특정 이온 하나를 보존하고 관찰할 수 있기 때문에 이 트랩은 이제 많은 실험실에서 이용되고 있다. 파울의 트랩 덕택에 물리학자들은 트랩 안에서 이온이 진동하는 주기를 정확히 측정해 개별 이온의 '무게를 쟀다'. 역학 안정성은 참 대단한 발상이다.

산을 평평하게 깎으면
위기에 처한 지구 에너지 문제를
해결할 수 있을지도 모른다.
단, 산의 기복 상태가
적합해야 하며
실전 방법론상의 문제가
선결되어야 한다.

이제 돌을 이용한 에너지 시대가 온다

지각 평형설과 판구조론으로 재생 가능한 에너지

일러두기: 이 글을 읽기 전에 먼저 우리는 몽블랑 산을 수호하는 모든 사람들을 안심시키고자 한다. 현재 몽블랑 산을 평평하게 깎을 계획은 전혀 없다. 돌을 이용한 에너지, 이른바 석력 에너지는 존스 교수의 풍부한 상상력에서 나온 발상으로, 현재도 없고 미래에도 없는 만우절 공상에 지나지 않는다. 하지만 여기서 다 실제로 존재하는 현상을 언급했고 정확한 수치를 제시했으며 계산 착오는 없다는 점을 분명히 밝혀두고 싶다. 우리는 데이비드 존스 교수가 〈다이달로스〉에 기고한 시평의 취지에 발맞춰 4월호 기사에서 잘 정립된 물리학 법칙들을 터무니없는 가정과 신빙성 있는 논의의 경계선까지 몰아가 보았다.

향후 우리는 어떤 에너지 시대를 맞게 될까? 원자력? 태양력? 수력? 풍력? 어떤 에너지가 대세를 이루든 간에, 지금 서둘러 화석 에너지를 재생 에너지로 대체해야 한다. 그런 중차대한 에너지 문제에 대해 새로운 발상이 나왔는데, 몇 년 전에 미국의 물리학자 데이비드 존스가 수력 에너지의 작동 메커니즘에 착안해 혁명적인 에너지안을 제시한 것이다. 그러나 물을 이용하는 것도, 포도주를 이용하는 것도 아니다! 데이비드 존스에 따르면 산의 중력 위치 에너지에서 미래의 에너지를 얻는다는 것이다.

수력 발전은 높은 곳에 저장된 물의 중력 위치 에너지를 운동 에너지로 바꿔 터빈을 작동시키는 것이다. 물을 빨리 끌어내리기만 하면 물의 질량(m)에 중력가속도(g)와 낙하 높이(h)를 곱한 값과 같은 에너지(E=mgh)를 거둬들일 수 있다. 그 에너지는 쉽게 추산 가능하다. 가로 1킬로미터, 세로 10킬로미터, 터빈 대비 높이 100미터의 댐은 무려 10억 톤의 물을 저장하며, 이 경우 위치 에너지는 5000억 킬로줄 또는 1억 4000만 킬로와트시—5000가구의 연간 전력 소비량—에 상응한다. 오래 전부터 사용해온 수력 에너지는 프랑스에서 70테라와트시(700억 킬로와트시), 그러니까 에너지 수요의 약 12퍼센트를 공급하며 그 나머지는 주로 원자력 발전으로 충당했다.

수력에서 석력까지

수력 에너지의 이점은 재생 에너지로서 가을에서 봄까지 내린 비로 저수량이 확보된다는 것이다. 수력 에너지로 에너지 수요를 충분히 감당할 수 있을까? 프랑스의 평균 강수량은 55만 1602제곱킬로미터의 면적에 연간 800밀리미터, 다시 말해 4.4×10^{11}톤이다. 프랑스의 평균 고도가 297미터이므로 위치 에너지는 연간 1.3×10^{18}줄, 즉 3.6×10^{11}킬로와트시 또는 360테라와트시에 해당한다. 대략 추산한 이 에너지는 프랑스 전력청(EDF)이 산정한 300테라와트시의 위치 에너지에 근접한다. 우리는 실제로 이 에너지의 3분의 1만이 회수될 수 있다는 사실을 잘 알고 있다. 이미 프랑스에 잘 갖춰진 수력 에너지 시설로는 프랑스의 에너지 수요를 다 감당할 수 없다.

물이 늘 액체 상태인 것은 아니다. 가차 없이 쏟아져 내리는 빙하를 활용할 수 있을까? 빙하는 얼음으로만 구성되어 있지 않으며, 암석 잔해도 실어 날라 빙퇴석의 형태로 남는다. 암석이라고? 그 암석은 중력이 운반했을까? 에드거 앨런 포의 숨겨진 편지와 같이, 우리는 에너지 문제에 대한 해법이 명백히 드러나 있을 때 그 해결책을 그냥 지나친다. 그렇다면 물 대신 산 자체를 끌어내린다면?

프랑스 영토 안에 존재하는 중력 에너지를 추산해보자. 해수면 위로 드러나는 프랑스의 지표는 밀도가 약 2.8이고 질량이 5×10^{14}

중력을 활용해 에너지 얻어내기. 이것이 바로 떨어지는 물로 터빈을 돌리는 수력 발전 댐의 원리다. 만일 물 대신 토사를 이용한다면 어떨까? 아르키메데스의 나선식 양수기를 이용해 산 위의 토사를 끌어내릴 수 있다. 그리고 낙하 에너지로 나사 장치를 돌려 전력을 생산할 수 있을 것이다.

톤가량으로 빗물의 양보다 1000배 더 많다. 프랑스를 평균 3미터 정도 깎아내어 암석을 바다에 내다버린다면, 1년 동안 프랑스에서 소비되는 전력량을 충분히 감당할 에너지를 얻을 수 있을 것이다.

지각 평형설 덕택에 재생 가능하다

"이 추세라면 프랑스는 1세기 안에 바다 밑으로 가라앉을 것이다!" 벌써 화가 난 사람들이 이렇게 불평을 터뜨리는 소리가 들린다. 엄청난 착오다. 산의 전체 모습은 우리 눈에 보이는 부분에 국한되지 않는다. 표면에 튀어나온 부분은 지구의 맨틀 속에 밑동이 박혀 있어서 정수역학적으로 평형이 유지된다. 이 지각 평형설에 따르면 대륙 지각 위로 솟아 있는 부분의 무게는 주변 맨틀(밀도 3.3)보다 밀도가 낮은(2.8) 밑동에 작용하는 부력으로 상쇄된다.

대륙 지괴는 맨틀 위에 떠 있으므로 몽블랑 산을 떠받치기 위해서는 밑동이 맨틀 속에 27킬로미터 잠겨 있어야 한다는 계산이 나온다. 만일 몽블랑 산을 전체 질량의 60퍼센트 정도 깎아서 높이를 1886미터인 상시 산(Puy de Sancy)에 맞춘다면, 밑동은 더 적은 무게를 지탱하게 되어 다시 올라오면서 솟은 부분이 부분적으로 복구될 것이다. 산꼭대기는 다시 4000미터를 넘을 것이다.

그러므로 우리가 석력 에너지라 일컫는 이 에너지를 실제로 생산하는 데 그 어떤 장애도 없다. 다만 방법론상의 문제가 남는다. 먼저 산에서 암석을 분리해야 한다. 이 작업은 틀림없이 군 병기고에 가득 들어 있는 각종 폭발물로 가능할 것이다. 다음으로 그렇다면 어떻게 암석을 굴러 떨어뜨릴 것인가? 돌이 가득 담긴 통들을 로프로 묶는 방법을 생각해볼 수 있다. 암석 무게로 충분히

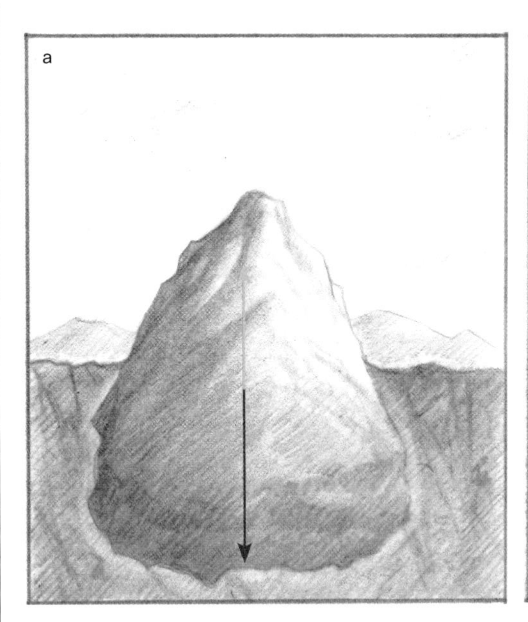

떨어져 내리기 시작해 (빈 통들을 끌어올리면서) 낙하 운동을 계속하여 여분의 에너지를 산출할 것이다. 아르키메데스의 나선식 양수기를 이용한다면 훨씬 더 좋을 것이다. 무한 나사와 유사한 이 나사 장치는 물을 끌어올리거나 곡물을 나르는 데 이미 사용되고 있다. 이와 같은 나선 장치가 최근 스위스에서 제작되어, 토사는 아니지만 낙하하는 물에서 전력을 생산하는 데 이용되었다. 기계 효율이 월등히 높아서 80퍼센트에 달한다. 물이 흐르면서 나사가 회전하고, 이 회전 운동에서 에너지가 생산되는 것이다.

프랑스는 석력 에너지의 도전을 받아들여야 한다. 암석 잔해는 간척 사업이나 해수면 상승이 우려되는 지역의 땅을 돋우는 데 쓰일 수 있으니, 코르시카나 알프마리팀 지역처럼 산이 바다에 잠긴 곳에서 실험해보자. 그러한 방법은 단지 산 정상의 자연 침식을 가속시킬 뿐 생태계를 거스르지는 않는다. 오히려 석력 에

만일 산의 윗부분을 바다에 내다버린다면, 산이 잠긴 정도로 해수면의 높이가 오를까? 그렇지 않다! 여러분은 얼음 조각 하나가 녹더라도 유리컵 안에 든 물의 높이는 변하지 않는다는 사실을 알고 있다. 산은 맨틀보다 밀도가 낮다. 그래서 산은 맨틀 위에 떠 있으며, 맨틀이 산 밑동에 가하는 부력(노란색)이 산의 무게(빨간색)를 상쇄한다(a). 이른바 '지각 평형'이라 일컫는 이 균형 상태는 산꼭대기가 잘려나가는 순간 일시적으로 깨진다(b). 부력이 무게만큼 감소하는 단계까지 맨틀에 잠긴 부분이 줄어들면서 아랫부분이 융기한다(c).

너지의 근간은 바로 가이아■의 가장 내밀한 힘, 다시 말해 판구조론에 본질적으로 내재되어 있는 힘이다. 상향 평준화에 미래가 있나니…….

■ 그리스 신화에 나오는 대지의 여신. 살아 있는 생명체인 지구를 뜻한다.

돌멩이를 물 위로
담방담방 튀어 오르게 하려면
알맞은 높이에서
가능하면 세게 던져야 하고,
돌멩이의 자체 회전을 유도해
안정적으로 나아가도록 해야 한다.

물수제비뜨는 기술

4톤이 넘는 폭탄이 수면 위에서 튀어 오른다?

1992년, 돌멩이가 한 호수의 수면에서 38번 튀어 올랐다. 미국인 제돈 콜먼 맥기가 물수제비뜨기 부문에서 세계 신기록을 경신한 것이다. 아들 때문에 물수제비뜨기 기술에 관심을 갖게 된 프랑스 물리학자 리데릭 보케는 2002년 그 원리를 분석했다. 우리는 그의 작업에서 영감을 얻어, 돌멩이가 어떻게 물 위에서 '튀어 오르는지' 연구해보려 한다. 이제부터 성공 인자들, 즉 던지는 속도, 돌의 기울기, 회전 속도를 살펴볼 것이다. 어쩌면 우리가 다시 기록을 깰 수 있지 않을까?

다시 조약돌 이야기로 돌아가자. 돌멩이는 어떤 힘을 받아 다시 튀어 오르는 걸까? 실제로 돌멩이를 던져 수면에서 튀어 오르게 해보면, 돌을 뒤쪽으로 약간 기울여 수평 방향으로 꽤 빨리 던져야 한다는 것을 알 수 있다. 수면 높이에서 던질 경우, 돌멩이는 수상 스키 선수처럼 물 위에서 잠시 미끄러지다가 점점 속도가 떨어지면서 가라앉는다. 물보다 밀도가 높은 돌은 부력이 그 무게를 상쇄하지 못하기 때문에 물에 뜰 수 없다. 이 부력은 비행기 날개에 작용하는 양력(揚力)과 비슷하며, 물의 밀도에 물체와 물

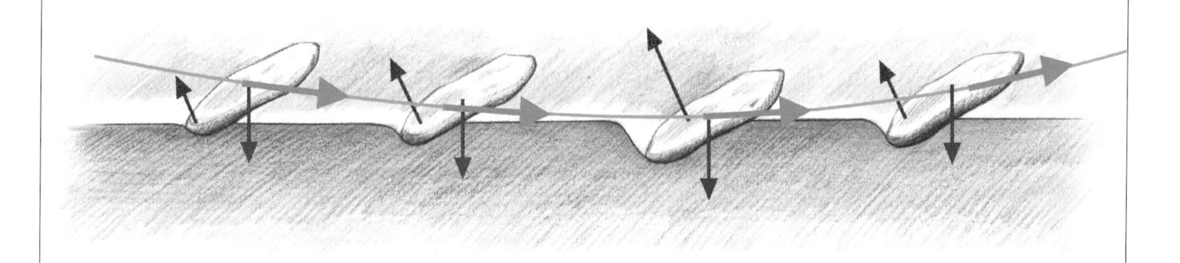

조약돌이 수면에 깊이 잠길수록 용수철같이 작동하는 물의 힘은 더 커진다. 이 힘은 조약돌의 뒷부분에 작용하므로 조약돌이 앞쪽으로 균형을 잃을 우려가 있다. 따라서 조약돌이 자체 회전하도록 유도해 안정적으로 나아가도록 해야 한다.

의 접촉면과 물체 속도의 제곱을 곱한 값에 비례한다. 평평한 물체의 경우 이 비례계수는 약 0.5이다. 그 양력이 무게와 같다면, 물 위에서 어떤 물체를 띄우는 최소 가속도가 결정된다.

물 위를 걷기 위해서는

……너무 무겁지 않아야 하고 아주 빨리 이동해야 한다. 남아메리카산 도마뱀의 일종인 바실리스크는 수면에서 뛰어다니는데, 무게가 고작 100그램 정도밖에 되지 않는다. 체중이 80킬로그램인 사람이 맨발 스키, 다시 말해 스키 하나에 두 발을 디디고 수상스키를 타는 경우는 어떠한가? 두 발의 면적이 350제곱센티미터라면 속도는 시속 약 25킬로미터가 나온다. 사실 요구되는 속도는 시속 약 60킬로미터이다. 따라서 두 배 정도 차이가 나는 것으로 추산된다. 여러분은 배가 아주 빠른 속도로 끌어당길 때에만 물 위를 걸을 수 있다.

무게 200그램에 반지름 5센티미터의 꽤 무겁고 평평한 원반 모양의 조약돌은 어떠할까? 계산해보면 최소 속도는 시속 2.5킬로미터에 지나지 않는다. 속도가 더 빠를 경우, 양력이 무게보다 커져 조약돌은 튀어 오른다. 돌이 약간 비스듬하게 수면 높이에 이르면 돌의 뒤쪽 끝부분만 수면에 닿으며, 접촉면이 얼마 안 돼 양력은 아주 미미하다. 기울어진 돌이 물속에 더 깊이 들어가면서 접촉면이 증가하고, 그에 비례해 양력 역시 커진다. 그렇게 물은 마치 용수철처럼 작동하며, 그 강도는 수평 속도의 제곱에 비례한다. 이때 조약돌은 용수철 같은 물 위에서 튀어 올라 반대 방향으로 다시 출발해 물 밖으로 나오게 된다.

속도가 빠를 경우, 이러한 메커니즘으로 그 어떤 물체라도 물 위에서 튀어 오르게 할 수 있다. 제2차 세계대전 당시 연합군은 이러한 속성을 활용해 루르 계곡에 있는 뫼네 강의 댐을 파괴했다. 댐을 파괴하려면 물속 깊이 격벽에 맞서 폭발이 일어나야 했기 때문에 고전적인 폭격 방법은 이용할 수 없었다. 또 독일 국방군이 설치해놓은 방어용 그물망에 걸려들기 때문에 어뢰를 쓸 수도 없었다. 영국의 기술자 반스 월리스가 찾아낸 해법은 수면에 원통형 폭탄을 통통 튀어 오르게 해 댐 벽까지 옮기는 것이었다. 이 폭탄은 상공 18미터에서 시속 400킬로미터 속도로 날아가는 비행기에서 투하되었다. 수중 용수철이 강력했던 만큼 무게가 4톤 이상 나가는 이 폭탄은 물속에 거의 잠기지 않고 물 위로 여러 번 튀어 올랐다. 방어용 그물망 위를 통과한 폭탄은 그런 식으로 댐과 그물망 사이 약 400미터를 주파했다. 폭탄은 벽에 부딪혀 댐을

연합군은 무게가 몇 톤이나 나가는 폭탄이 수면에서 통통 튀어 오르게 해 독일의 댐을 폭파시켰다. 폭탄은 자체적으로 빠르게 회전했기 때문에 진행 방향이 바뀌지 않았다.

따라 가라앉았으며, 바닥에 닿았을 때 폭발했다.

조약돌의 각도를 안정적으로 유지해야 한다

우리는 충분한 속도로 방향을 제어해 조약돌이 튀어 오르게 했다. 이후에도 동일한 여건에서 튀어 오른다고 단언하려면 매번 실제로 돌멩이가 평평한 상태로 물 위에 나타날 것이라고 확신해야 한다. 다시 튀어 오르는 동안 물의 힘은 돌의 뒷부분에 작용해 돌멩이는 앞쪽으로 흔들리려고 할 것이다. 이렇게 움직이지 못하도록 돌을 던지는 사람은 이른바 '자이로스코프 효과'를 활용한다. 이 효과를 요약하자면, 빨리 회전할 때 한 물체는 회전하지 않을 때보다 방향을 전환하기가 더 어렵다는 것이다.

실제로 팽이를 관찰해보자. 약간 기울고 움직이지 않는 바닥에 팽이를 풀어놓으면, 팽이는 곧바로 흔들린다. 이제 팽이를 천천히 돌려보자. 팽이는 계속 흔들리지만 이전보다 더 심하게 흔들리지는 않는다. 끝으로 팽이를 아주 빨리 돌려보자. 팽이는 더 이상 흔들리지 않으며, 중력에 맞서 꼿꼿하게 버틴다. 팽이에 대한 분석을 물수제비뜨기 기술에 적용하면 돌을 안정적으로 나아가게 하는 최소 회전 속도를 측정할 수 있다. 앞서 이야기한 평평한 원반 모양의 돌은 최소 회전 속도가 중력가속도를 반지름으로 나눈 몫의 제곱근과 같다. 다시 말해 반지름이 5센티미터인 돌멩이는 1초에 두 번 회전한다.

기록을 깨기 위해서는 끝으로 가장 두려운 장애물, 즉 에너지 손실 문제를 극복해야 한다. 사실 돌멩이는 물에서 양력뿐만 아니라 돌멩이의 속도를 점차적으로 늦추는 항력을 받는다. 먼저 돌멩이가 물 위에서 미끄러져가는 상황을 분석해보자. 비행기 날개의 경우와 마찬가지로 항력은 양력에 비례한다. 그렇지만 글라 수상 스키를 타는 사람은 체중과 균형을 이루는 양력 덕분에 수면에서 안정된 상태를 유지한다. 항력은 그 사람의 체중에 상응하는 값에 도달할 수 있다.

이더의 경우에 항력은 양력의 20분의 1에 불과한데, 돌멩이의 경우 두 힘이 거의 같다. 양력이 무게를 상쇄하는 이상, 항력도 무게와 같다. 돌멩이를 수직으로 던질 경우와 아주 유사해, 속도 반대 방향으로 가속도가 일정하고 가속도의 크기는 돌멩이의 무게와 같다. 따라서 돌멩이가 주행하는 거리는 동일한 초속도로 위로 던졌을 때 돌멩이가 도달하는 높이와 같다.

너무 높게도 너무 낮게도 던지지 마라

다시 튀어 오르는 경우에는 어떠한가? 양력은 돌멩이가 공중에 있을 때는 0이며, 다시 튀어 오르는 동안에는 그 무게보다 크다. 그럼에도 불구하고 충격 탄성 때문에 두 차례 튀어 오르는 동안 돌멩이는 늘 처음과 근접한 높이를 회복한다. 따라서 '미끄럼' 과정의 경우처럼 양력은 평균적으로 무게를 정확히 상쇄한 것이다. 그렇게 해서 항력은 평균적으로 활주하는 상황의 항력과 동일하다. 이것은 돌멩이가 가라앉기 전에 주행한 거리가 초기 수평 속도에 의존하며, 튀어 오르는 횟수에 좌우되지 않는다는 것을 의미한다. 돌멩이가 떠 있는 총 시간은 변하지 않기 때문에 가능하면 돌멩이를 수평으로 낮게 던지는 것이 중요하다. 만일 돌멩이를 너무 높은 곳에서 던지거나 물속에 들어갈 때 돌멩이가 너무 기울어 있다면 돌멩이는 높이 튀어 오를 것이다. 이 경우 꽤 넓은 간격으로 다시 튀어 오를 것이며, 몇 번 튀어 오르지도 않고 한계 거리에 도달할 것이다. 반대로 수평으로 물에 가까이 던지면 그만큼 튀어 오르는 간격은 좁아지고, 계속해서 빨리 튀어 오를 것이며, 일정한 거리에서 튀어 오르는 횟수는 그만큼 더 많아질 것이다.

실제로 물에 부딪히는 충격 탄성이 완벽하지 않아서 튀어 오를 때마다 그 높이는 감소한다. 돌멩이는 어느 정도 시간이 지나 물속에 잠기는 깊이보다 튀어 오르는 높이가 작아지면 더 이상 튀어 오르지 않는다. 만일 더 이상 튀어 오르지 않을 때까지 소요된 시간이 돌멩이가 멈추는 데 걸리는 시간보다 짧으면 돌멩이는 죽 미끄러져가다가 결국 물속으로 가라앉을 것이다. 돌멩이를 아주 낮게 던지면 이런 경우를 관찰할 수 있다. 따라서 이상적인 방법은 이 두 시간이 일치하도록, 던지는 높이를 조정하는 것이다.

요약하면 수평 방향으로 가능하면 빨리, 약하게 회전을 걸어, 적절한 높이에서 평평하게 던져야 한다. 이런 조언을 따른다면 끝도 없이 튀어 오르는 가히 전설적인 비공식 기록을 달성할 수 있을지도 모른다. 안개 낀 날 벌어진 한 경기에서 돌멩이 하나가 안개 속으로 사라져갔다. 심사위원단은 돌멩이의 행방을 알 도리가 없어 그 돌을 던진 사람에게 무한 점수를 주고 그를 우승자로 인정했다. 그래도 신중을 기하기 위해 해당 경기를 주관한 기관은 이 기록을 공인하지는 않았다.

유속의 차이

완류인가 급류인가, 마하의 수에 해당하는 '프루드 수'

유량에 따라
불규칙한 강바닥은
유속과 수심의 변화를
가져온다.

G. Courty

천둥과 번개를 동반한 여름날의 폭우. 협곡 깊숙이 굽이굽이 잔잔히 흐르던 강의 물살이 몇 시간 만에 세찬 격류로 변해버렸다. 그곳에서 모험을 감행하던 카약이 이리저리 마구 흔들렸다. 카약을 탄 두 선수는 호기심이 발동해 노를 저으면서 이런 의문을 가졌다. 느리게 흐르던 강의 물살이 왜 거칠게 변했을까? 단순히 유량이 증가했기 때문일까? 이 현상은 겉으로 드러나는 것보다 더 미묘하며, 두 사람은 수문학 법칙에 따라 익사를 면하게 될 것이다.

먼저, 강은 왜 흐르는 걸까? 그것은 중력 때문이다. 물은 경사진 강바닥 위를 미끄러져간다. 달리 말해 경사면을 따라 흐르는 물의 무게가 동력이 되는 것이다. 프랑스 센 강처럼 큰 강의 경우, 경사도는 아주 약하다. 장장 776킬로미터를 흐르는 동안 471미터 정도 고도가 내려가므로, 센 강의 평균 경사도(탄젠트 각도)는 0.0006이다. 이 경우 1톤의 물에 작용하는 동력은 600그램의 무게에 상응한다. 그렇지만 유속은 지속적으로 더 빨라지지 않는다. 동력이 하천 내벽—하천의 너비가 깊이보다 더 클 경우에는 특히나 하천 바닥—의 마찰력 때문에 상쇄되어 유속은 일정하게 유지된다. 실제 내벽이 반듯하지 않고 울퉁불퉁한 경우, 벽 부근에 난류가 형성되며 그때 마찰력은 평균 유속의 제곱에 비례한다.

유량, 유속 그리고 수심

수심에 따라 유속은 어떻게 달라질까? 그 점을 알아보기 위해 강의 한 단면을 설정하고, 동력이 되는 무게〔강의 단면(너비×깊이)과 경사도에 비례〕가 유속이 일정한 상태에서 마찰력(유속의 제곱과 하천 너비에 비례)과 같다고 전제하자. 그렇게 해서 유속은 경사도와 수심을 곱한 값의 제곱근에 비례함을 알 수 있다. 1775년 프랑스의 기술자 앙투안 세지가 명시한 이 공식은 1923년에 개선되어 마찰력이 수심의 영향을 받는다는 사실을 고려하게 되었다. 이

하천의 단면은 제각각인 하천 바닥의 경사 때문에 자체 무게(검은색)의 영향을 받아 흘러간다. 중력에 의해 발생한 동력(빨간색)의 반대 방향으로 울퉁불퉁한 하천 바닥과 측벽 때문에 생긴 마찰력(노란색)이 작용한다. 유속이 일정한 상태에서 이 두 힘은 같으며, 유량이 증가하면 유속과 수심 모두 증가한다.

속도식에서 유속은 수심의 2분의 1제곱이 아니라 3분의 2제곱에 비례한다.

유량은 유속에 단면을 곱한 값과 같기 때문에, 수심은 유량의 5분의 3제곱, 즉 유속은 유량의 5분의 2제곱에 비례해 증가한다는 추론이 나온다. 달리 말하면, 유량이 증가할 때 수심과 유속 둘 다 증가한다는 것이다.

실제로 유량은 강수량과 하천 바닥의 넓이에 따라 정해지며, 그에 따라 수심과 유속이 조절된다. 강수로 불어난 유량이 하천 바닥 깊이와 수심이 같을 때의 유량을 초과하면 강은 범람한다. 센강의 경우, 유량이 1초당 약 80세제곱미터(심한 갈수기)에서 2600세제곱미터(이례적으로 범람하는 경우)로 변할 수 있다. 따라서 수심은 여덟 배 늘어난다.

예를 들어 하천 바닥의 툭 튀어나온 부분 때문에 흐름이 지장을 받을 경우, 수심과 유속은 어떻게 될까? 강물 단면이 장애물을 뛰어넘는 과정을 따라가보자. 장애물이 미미하다면 분산되는 에너지는 대수롭지 않게 여길 정도이고, 단면의 에너지는 일정하다고 간주할 수 있다. 질량 보존의 법칙에 따라 유량도 그대로 유지된다.

극단적인 다음 두 사례를 통해 장애물이 있을 때 물이 어떤 양상을 보이는지 파악할 수 있다. 먼저 물살이 빠른 급류를 생각해보자. 거침없이 내달리는 자전거 선수가 불쑥 튀어나온 곳을 넘어가는 경우처럼 유속은 줄어든다. 장애물을 뛰어넘기 위해 운동에너지가 중력 위치 에너지로 전환되는 것이다. 유량은 변하지 않기 때문에 수심(실은 물의 두께)이 늘어난다.

마하의 수에 해당하는 '프루드 수'

장애물이 동일할 때 유속이 약할수록 속도는 더 떨어진다. 수심의 변화와 장애물을 넘는 데 필요한 에너지의 경우도 마찬가지다. 사실, 강물 단면의 무게중심 상승에 따른 '대가를 지불해야' 하며, 유속이 감소할 때 이 중심은 더 많이 오른다.

초속도가 너무 약하면 단면의 운동 에너지가 위치 에너지 비용을 상쇄하지 못하는 순간이 온다. 그러면 물은 전혀 다른 양상을 띤다. 상당량의 운동 에너지를 위치 에너지로 바꿀 수 없기 때문에 반대 상황이 일어난다. 장애물 지점에서 수심이 얕아지는 것이다. 단면의 무게중심은 내려가고, 줄어든 위치 에너지가 운동 에너지 형태로 회수되어 운동 에너지가 커진다. 그 결과 유속은 빨라진다.

거침없이 질주하던 자전거 선수가 경사면을 오를 때 속도를 떨어뜨리는 양상과 마찬가지로, 물살이 빠를 때 하천 바닥에 튀어나온 곳이 있으면 그 지점에서 유속이 감소한다. 이때 유량은 변하지 않기 때문에 수심이 증가한다.

물살이 느리면 운동 에너지가 충분하지 않아 물이 장애물을 제대로 타고 넘지 못하기 때문에 장애물 지점에서 수심이 얕아져 수면이 움푹 꺼진다. 이때 그 지점에서 유속은 더 빨라진다.

자연적으로든 교각의 아치 때문이든 강 너비가 좁아질 때 이러한 양상을 볼 수 있다. 상류에서 물살이 빠르다면, 수심은 깊어지고 유속은 줄어들 것이다. 이러한 양상이 급류이다. 반대로 수심이 얕아지고 유속은 빨라지는 양상이 완류이다.

물살이 완류인지 급류인지 어떻게 구분할 수 있을까? 운동 에너지를 수심과 관련 있는 평균 중력 위치 에너지와 비교하면 된다. 이 에너지 비율의 제곱근을 '프루드 수(Froude number)'라고 하는데, 유속을 수심과 중력가속도 곱의 제곱근으로 나눈 몫과 같다. 이 수치는 물속에서 물결이 퍼져나가는 속도이기도 하다. 따라서 프루드 수는 기류의 마하에 해당한다. 유속이 파속보다 약하면 프루드 수는 1 이하이고, 이 경우 완류〔상류(常流)〕의 양상을 보인다. 사면이 더 가파르거나 유량이 더 많은 경우 프루드 수는 1을 넘을 수 있다〔사류(射流)〕. 이것은 기류에서 아음속과 초음속이 변환하는 양상에 꼭 들어맞는다.

적당한 예로 바닥이 고르지 않은 강의 물살을 들 수 있다. 완류에서는 수면에 살짝 주름이 생긴다. 이와 반대로 급류에서는 후류(後流)가 나타나는데, 이 후류는 초음속기가 지나간 다음에 남는 소리의 흔적과 성질이 동일하다. 장애물 때문에 생겨난 잔물결은 퍼져나가면서 물살에 실려가, 흐르는 물속에 대각선 모양을 여러 개 만든다. 이러한 구도는 초음속 비행기가 지나갈 때 공중에 마하 원뿔이 만들어지는 것과 비슷하다.

노 젓기에서는
항력을 이용하거나
양력을 이용하는
두 가지 주요 기술을 구사한다.
물고기의 영법은
그 두 가지 기술에 견줄 만하다.

물고기의 영법

탁월한 수영 실력을 자랑하는 물고기의 비밀

물고기의 지느러미는 때로 항력을 이용하는 노의 기술을 발휘하고 때로는 양력을 이용하는 노의 구실을 한다. 항력을 이용하는 방법은 달아나기에 이상적인 한편, 양력을 이용하는 방법은 빨리 그리고 멀리 수영하는 데 그만이다.

물고기는 어떻게 앞으로 이동하는 걸까? 유체 속에서 움직이는 물체에 작용하는 힘들을 살펴보자. 지느러미와 유사한 구실을 하는 비행기 날개는 항력과 양력, 두 힘을 받는다.

속도와 반대로 작용하는 항력은 유체 속에서 이동하는 모든 물체의 움직임에 제동을 건다. 양력은 움직임과 수직을 이루며, 이름에서 알 수 있듯이 비행기와 조류가 공중에 떠 있게 하는 힘이다. 그 두 힘 모두 물체 속도의 제곱에 비례한다. 유체 속에서는 물체가 나아가는 방향뿐만 아니라 물체의 외형에 따라 이른바 항력계수와 양력계수가 결정된다. 비행기 날개와 같이 끝이 뾰족한 물체의 경우, 보통 항력계수는 양력계수보다 10배 더 작다. 앞으로 이동할 때 물고기는 때로 항력을, 때로는 양력을 이용하며, 동시에 두 힘을 다 이용하기도 한다! 어떻게 그럴까?

항력으로 이동하기

항력을 활용해 앞으로 이동하는 물고기는 배 양쪽으로 노를 젓는 사람처럼 물에 압력을 가한다. 노 젓는 사람은 노에 힘을 줄 때 노깃(물에 잠겨 있는 부분)을 배의 앞에서 뒤로 민다. 항력은 깃이 움직이는 방향과 반대로 깃에 작용한다. 앞쪽으로 작용하는 항력이 배를 움직이는 힘이 되는 것이다. 그 힘을 늘리기 위해 노를 젓는 사람은 노깃이 물속에서 움직이는 동안 물을 밀 수 있는 깃의 면적을 최대화하려 애쓴다. 그는 반대 방향으로 항력이 생겨 배에 제동을 걸지 못하도록 물에서 깃을 빼내 다시 배 뒤쪽에서 앞으로 가져온다. 쏨뱅이라는 물고기도 항력을 이용해 앞으로 나아간다. 쏨뱅이는 활짝 펼친 양쪽 가슴지느러미를 밀어내면서 전진하고, 그런 다음 최대한 항력을 줄이면서 지느러미를 다시 앞쪽으로 가져가기 위해 그 지느러미를 뉘어놓는다.

'항력을 이용한 영법'의 단점은 지느러미 속도가 물고기에 대한 물의 상대속도보다 클 경우에만 효율적이라는 것이다. 다시 말해 빨리 헤엄칠수록 물고기는 지느러미로 더 많이 이동하지 못한다. 그 점을 확실히 수긍하고 넘어가기 위해 면적이 10제곱센티미터인 지느러미의 운동 사례를 살펴보자. 그런 지느러미를 가진 물고기는 시동을 걸기 위해 초속 1미터의 속도로 지느러미를 뒤쪽으로 움직인다. 항력 법칙에 따르면, 이 경우 지느러미가 유도하는 힘은 1뉴턴이다. 물고기가 초속 50센티미터로 전진할 때 물에 대한 지느러미의 상대속도는 초속 50센티미터로 떨어지며, 그렇게 되면 지느러미가 유도

배 양쪽으로 노를 젓는 사람처럼 쏨뱅이는 가슴지느러미를 휘저으면서 앞으로 나아간다. 그렇게 쏨뱅이는 느릿느릿 편안하게 헤엄친다.

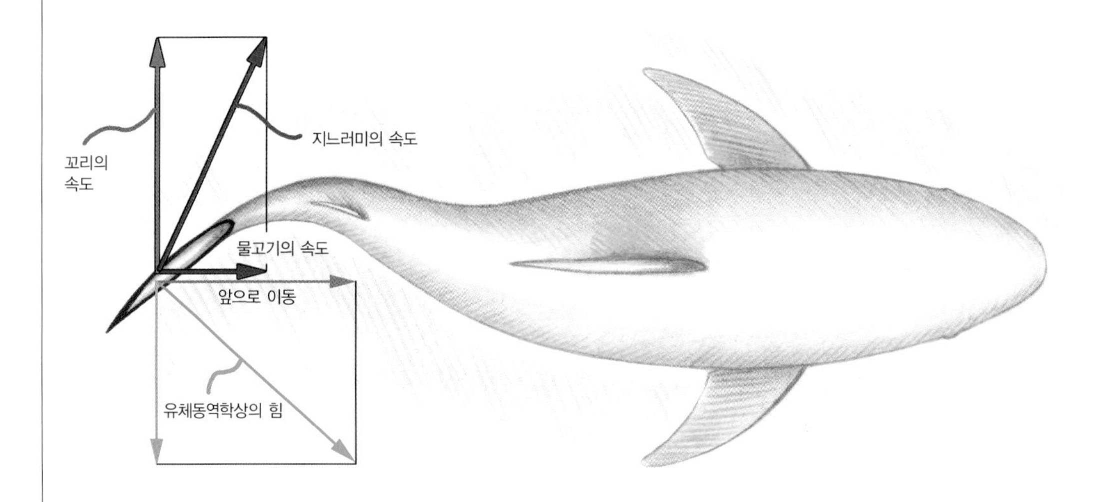

참치와 상어는 여러 대양을 횡단할 정도로 수영 실력이 뛰어나다. 빠른 속도로 멀리 수영하기 위해 참치와 상어는 꼬리지느러미를 지그재그로 움직여 꼬리지느러미에 가해지는 양력(유체동역학상의 동력)을 높인다.

하는 추진력(속도의 제곱에 비례)은 네 배 더 작다. 물고기가 초속 1미터로 전진한다면 추진력은 0이 될 것이다.

항력을 이용한 영법은 속도가 느릴수록 더 큰 효과를 볼 수 있기 때문에, 대부분의 물고기는 천천히 유영하기 위해 이 영법을 이용한다. 또 가만히 있다가 줄행랑을 칠 때도 이 영법을 쓰는데, 이때에는 가슴지느러미를 사용해 유유히 이동하는 게 아니라 꼬리지느러미로 물을 후려친다. 예를 들어 송어는 달아날 때 C자형으로 몸을 접었다가 물을 뒤쪽으로 내보내면서 순식간에 다시 몸을 펼친다. 송어의 가속도는 수십 m/s^2(중력가속도 g는 $9.8m/s^2$이다)에 이른다. 지느러미 색상이 다채로운 무지개송어는 0.08초 만에 몸을 펼치며, 그 가속도는 4g에 달한다. 물고기만 이렇게 눈 깜짝할 사이에 출발하지는 않는다. 새우가 멈췄다 출발할 때면 가속도가 10g를 넘는다.

양력으로 이동하기

양력을 활용해 앞으로 이동하는 물고기의 영법은 배 뒤쪽에서 노 하나를 사용하는 기술과 유사하다. 양력은 물에 대한 지느러미의 운동과 수직을 이룬다. 이 양력이 앞쪽으로 작용하도록 물고기는 진행 방향과 수직으로 꼬리지느러미를 움직인다. 이것은 뒤에서 하나의 노를 이용해 배를 움직이는 원리와 같다. 이런 노를 다루는 사람들은 배 뒤쪽에서 노 하나를 물속에 집어넣고, 이동할 때마다 기울기를 바꾸면서 노를 지그재그로 움직인다. 깃은 배의 뒤쪽과 거의 평행을 이루며 깃의 앞면은 약간 앞쪽을 향한다. 이런 노를 다루기 위해서는 손목을 적절히 움직여야 한다. 배의 전진에 대비해 깃이 올바르게 놓여 있지 않으면 깃의 효율성이 이내 사라지기 때문이다.

이런 노는 배 양쪽으로 젓는 노에 비해 이점이 많다. 지속적인 움직임으로 노의 유연성이 커진다. 게다가 이 노는 무거운 짐을 옮기기에 적합하다. 그 점을 확실히 이해하기 위해 한 사공이 장대 하나로 바닥을 밀며 배를 움직이는 경우, 또는 양쪽으로 노를 젓거나 뒤쪽에서 노 하나를 계속 지그재그로 움직여 배를 이동시키는 경우를 가정해보자. 첫 번째 경우, 장대는 미끄러지지 않고 바닥을 누른다. 그때 사공의 모든 노역은 배를 앞으로 이동시키는 데 이용되지만, 수심이 너무 깊으면 그렇게 할 수 없다. 사공이 배 양쪽으로 노를 저을 때는 깃의 항력이 추진력이 된다. 깃은 물을

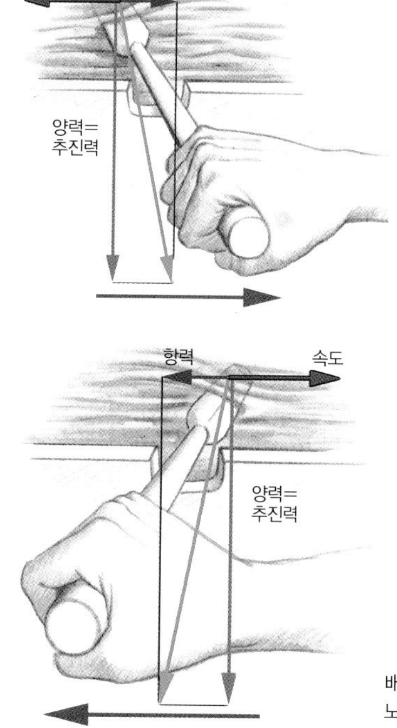

배 뒤쪽에서 노 하나를 사용할 때 노의 왕복 운동과 작용하는 힘들.

뒤쪽에 노 하나를 장착한 배는 노의 끝부분을 수중에서 지그재그로 움직여 전진한다.

상대하면서 이동하기 때문에(깃은 '미끄러진다') 적지 않은 힘이 쓸데없이 낭비된다(마찰, 선회). 사공이 배 뒤쪽에서 계속 지그재그로 노를 움직일 때는 항력이 아니라 양력이 추진력이 되며, 이 양력은 노의 움직임과 거의 수직을 이룬다. 운동 방향과 수직을 이루는 힘의 작용은 대수롭지 않기 때문에 이 양력으로는 노의 속도가 거의 떨어지지 않는다. 유일한 에너지 손실 요소는 노에 가해지는 항력뿐이며, 이 항력은 양력보다 10배 정도 작다. 그렇게 해서 추진력과 노의 속도가 같다면 사공은 배 양쪽으로 노를 저을 때보다 뒤쪽에서 노 하나로 저을 때 수중에서 잃는 에너지가 10배 더 작다.

노가 하나인 배가 더 효율적이다

게다가 양쪽으로 젓는 노와 달리 뒤쪽에 하나가 장착된 노는 속도와 함께 효율성이 커진다. 너비 10센티미터, 길이 1미터(잠기는 부분)인 노 하나를 예로 들어보자. 배가 정지해 있을 때 초속 1미터로 노를 저으면 약 40뉴턴〔4킬로그램중(4kgf)〕의 추진력이 생긴다. 배가 초속 1미터로 나아갈 때 사공이 동일한 동작을 계속한다면 물에 대한 노의 상대속도는 초속 약 1.4미터(초속 1미터의 두 속도로 이루어진 직각이등변삼각형의 빗변 길이)이고, 노가 향하는 방향은 배의 방향과 45도를 이룬다. 양력은 물에 대한 노의 속도 제곱에 비례하기 때문에 이전보다 두 배 더 커진다. 설령 이 힘이 더 이상 앞쪽으로 작용하지 않는다고 해도, 운동 방향의 분력은 배가 움직이지 않을 때 얻게 되는 힘보다 여전히 40퍼센트 더 크다.

그와 같은 이점 덕택에 중국과 일본의 사공들은 이런 노를 많이 사용한다(190쪽 그림 참조). 실제로 두 나라에서 사용하는 특별한 형태의 노는 길고 약간 휘었으며, 배 뒷전에 거의 수평으로 놓인다. 또한 노를 배 가장자리에 줄로 매어놓아 사공은 노를 지그재그로 움직이는 데 온힘을 쏟을 수 있다. 사공은 매번 선회하기 전에 노의 방향을 바꾸기도 한다. 능숙한 중국 사공은 6미터 길이의 거룻배로 시속 5킬로미터의 속도를 낸다!

먼바다의 물고기들은 꼬리지느러미로 양력을 이용해 나아간다

바다의 최고 수영 선수들도 뒤쪽에서 노 젓는 방식처럼 꼬리지느러미로 양력을 이용해 앞으로 나아간다. 몸집이 큰 어류와 고래류의 가느다란 꼬리 끝에는 넓은 지느러미가 달려 있다. 상어와 참치의 꼬리지느러미는 수직 방향이고 돌고래와 고래의 꼬리지느러미는 수평 방향이다. 꼬리지느러미는 날개 모양으로 몸통과 수직을 이루는 면이 안쪽 끝보다 위쪽에 있으며, 끄트머리가 뾰족한 면은 양력을 최대한 높인다. 또 꼬리지느러미는 아주 유연해 고래류 같은 어종은 꼬리지느러미를 세게 비틀어 최적의 양력을 얻는다. 이러한 추진법은 아주 효율적이어서 참치 어종에 속하는 한 물고기는 이동 속도가 시속 80킬로미터를 넘는다. 상어로 말하자면, 많은 상어가 참치를 먹고 산다.

자전거의 균형

넘어지지 않으려면 앞으로 나아가라!

자전거나 오토바이는
커브를 돌 때
원심력을 정교하게 조절해
균형을 유지한다.

G. Courty

삶, 그것은 자전거와 같다. 균형을 잃지 않으려면 앞으로 나아가야 한다.

-알베르트 아인슈타인

2003년 '투르 드 프랑스'■가 100주년을 맞이했다. 그 행사를 기념해 우리는 자전거를 타고 힘겹게 도로 일주를 감행하는 사람들이 어떻게 균형을 유지하는지 재점검해보았다. 까다로운 문제라, 도로 가장자리에서 대회를 지켜보던 두 사람이 티격태격 논쟁을 벌였다. 오토바이를 타는 사람은 오른쪽으로 커브를 돌려면 먼저 핸들을 약간 왼쪽으로 꺾어야 한다고 주장했다. 반면 자전거를 타는 사람은 "아니야, 오른쪽으로 돌려면 핸들을 오른쪽으로 꺾어야 한다구!" 하고 소리쳤다.

이제 우리가 살펴볼 물리학에 따르면 자전거와 오토바이는 서로 방식은 달라도 분명 동일한 물리 현상을 이용해 커브를 돈다. 그러면 자이로스코프 효과를 이용하는 걸까, 아니면 원심력에 의한 가속도를 활용하는 걸까?

먼저 바퀴가 두 개인 이륜차의 균형 문제를 분석해보자. 이륜

■ 매년 7월 프랑스에서 열리는 도로 일주 자전거 대회.

차는 불안정해 우리가 손을 떼면 때로 어느 한쪽 방향으로 기운다. 이륜차로 전진할 때 어떤 양상이 벌어지는지 관찰해보자. 이륜차는 몇 미터를 가는 동안 수직 상태를 유지한다. 오토바이를 타는 사람은 자이로스코프 효과에 의해 이륜차가 균형을 유지한다고 생각한다. 그 사람은 이렇게 단언한다. "회전 상태에서만 균형을 유지하는 팽이와 마찬가지야. 두 바퀴가 수평 방향의 회전축을 가진 두 개의 팽이인 셈이라구."

자전거나 오토바이 같은 이륜차는 무게와 원심력의 합력이 이륜차의 한계면 안에 있을 때 균형이 유지된다(위 그림의 자전거). 오토바이를 타는 사람들은 앞바퀴를 뒷바퀴가 미끄러지는 방향과 반대로 돌려 원심력을 만들어내며, 제법 무게가 나가는 오토바이는 이 원심력 때문에 커브 안쪽으로 기울어진다.

원심력

자이로스코프 효과는 회전하는 물체의 축이 방향 전환을 못하게 하는 작용이며, 이러한 저항력 때문에 팽이는 넘어지지 않는다. 그러나 오토바이를 타는 사람의 주장은 틀렸다. 자전거의 두 바퀴가 회전해 자이로스코프 효과가 일어나기는 하지만, 그 효과는 미미하다(바퀴는 질량이 너무 작아 아주 빠르게 돌지는 않는다). 결정 인자는 바로 원심력이다.

커브를 돌 때 여러분을 바깥쪽으로 밀어내려는 힘이 원심력이다. 이 원심력의 본질에 관해서는 의견이 다양해 원심력이 존재한다는 쪽과 그렇지 않다는 쪽으로 나뉜다. 예를 들어 어떤 사람(물리학자들은 '외부 관찰자'라고 말한다)이 자동차가 급회전하는 모습을 바라보았을 때, 계속 똑바로 나아가려는 승객이 회전하는 차량 때문에 어쩔 수 없이 한쪽으로 쏠린다는 사실을 이해하게 된다. 부질없는 논쟁은 잊어버리고, 자전거를 타면서 커브 바깥쪽을 향해 수평으로 작용하는 원심력을 느끼는 사람의 관점에서 바라보자. 이 힘은 자전거를 탄 사람과 자전거 전체의 무게중심에 가해지며, 그 강도는 자전거 선수의 질량에 속도의 제곱을 커브 반지름으로 나눈 몫을 곱한 값과 같다. 그렇게 해서 반지름 10미터의 커브를 시속 36킬로미터로 수행하는 자전거 선수가 받는 원심력의 강도는 자기 체중과 같다. 그러나 무게의 방향은 수직인데 반해 원심력은 수평으로 작용한다.

자전거를 타는 사람이 말한다. "이제 자전거 경기장 트랙이 경사진 이유를 이해하겠어요. 하지만 균형을 설명하는데 왜 커브를 살펴보는 거죠?" 속력이 약한 상태에서 자세의 균형을 잡으려는 자전거 선수는 줄타기 곡예사처럼 두 팔을 흔들지 않기 때문이다. 그는 오른쪽으로 넘어진다고 느낄 때 핸들을 오른쪽으로 돌려 우회전하기 시작하는 것이다. 이 경우 원심력이 왼쪽으로 작용해 그를 다시 일으켜 세운다. 속도가 증가하면 핸들을 움직이는 폭이 더 작아도 동일한 원심력(속도의 제곱에 비례)을 얻을 수 있으며, 안정된 상태를 유지하기가 훨씬 수월하다. 그런데 어떤 속도를 넘으면 핸들 조작이 아무런 소용이 없다. 자전거가 기울

때 핸들이 저절로 돌기 때문에 자연히 안정을 이루는 것이다.

자전거 안장을 잡고 옆에서 끌면서 걸아가보면 그러한 사실을 확인할 수 있다. 앞바퀴가 회전하도록 왼쪽, 오른쪽으로 번갈아 가며 자전거를 기울여보자. 어느 한쪽으로 자전거를 기울이면 핸들도 같은 방향으로 돌아간다. 속도가 충분한 상태에서 이렇게 자동적으로 돌아가는 핸들이 바로 균형의 열쇠다.

이런 핸들의 양상은 포크의 기울기와 그 형태에서 비롯된다. 핸들 회전축의 연장선은 지면과 바퀴의 접촉점 앞에 위치한 한 점에서 지면과 교차한다. 이 두 점 사이의 거리가 이른바 '유극(遊隙)'이다. 자전거가 오른쪽으로 기울어질 때, 자전거와 자전거에 탄 사람의 무게에 대해 위쪽으로 가해지는 지면의 반작용은 자전거 면의 왼쪽에 있다. 이 힘의 연장선이 더 이상 핸들의 회전축과 교차하지 않아서, 그 반동력 때문에 핸들을 오른쪽으로 돌리는 짝힘이 만들어진다. 그렇게 회전하기 시작하면서 왼쪽 방향으로 작용하는 원심력이 생겨나 자전거의 균형이 잡히는 것이다. 핸들의 회전은 가해진 짝힘에 비례하므로 힘의 적용선과 핸들 회전축 간의 거리에 비례한다. 이 거리는 유극이 클수록 더 커진다. 그러

이륜차의 유극은 지면과 앞바퀴의 접촉점 그리고 포크의 연장선과 지면의 교차점(노란색) 간의 거리다. 자전거나 오토바이를 타는 사람이 어느 한쪽으로, 예를 들어 오른쪽으로 몸을 기울일 때 지면의 반작용 때문에 유극에 비례하는 짝힘이 만들어지며, 이 힘은 핸들을 오른쪽으로 돌리려는 경향이 있다. 그렇게 해서 몸을 기울이기만 해도 충분히 회전할 수 있으며, 경기에 참가한 오토바이 선수들은 바로 이런 식으로 핸들을 돌리지 않고 회전한다.

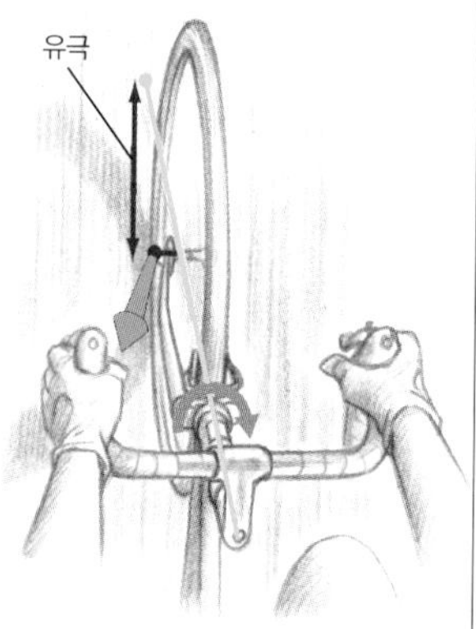

니까 유극이 클수록 자전거는 균형을 더 잘 잡는다. 어떤 지형이든 다 달릴 수 있는 자전거에는 간편하게 조작할 수 있도록 수직형에 가까운 포크가 장착되어 있다. 그래서 유극이 짧아 안정성이 상당히 떨어진다. 그러니 아이들에게 자전거를 가르칠 때는 그런 자전거를 이용하지 마시길!

몸을 숙여 회전하라

자전거와 오토바이가 그렇게나 안정적이라면, 방향을 바꾸기 위해서는 어떻게 해야 할까? 속도가 상당히 빠른 경우 원심력에 의해 당신은 다른 쪽 방향으로 기울 수 있기 때문에, 그저 핸들을 돌리는 것만으로는 충분하지 않다. 자전거를 타는 사람(그리고 오토바이를 타는 사람)은 무게와 원심력의 합력이 자전거의 한계면 안에 있을 때까지 몸을 숙인다. 그러면 지렛대 효과가 전혀 작용하지 않으며 기울기는 일정하게 유지된다.

방향을 바꾸기 위해서는 몸을 숙여야 한다. 속도가 빠를 때 자전거나 오토바이의 균형을 유지하는 가장 현명한 방법은 앞바퀴를 뒷바퀴의 반대 방향으로 돌려 원심력을 이용하는 것이다. 오토바이를 타는 사람은 오른쪽으로 돌려 할 때 (역설적으로) 핸들의 오른쪽 손잡이에 힘을 주는데, 그러면 오토바이는 왼쪽으로 방향을 전환하기 시작한다. 이 경우 오른쪽으로 작용하는 원심력은 오토바이를 오른쪽으로 기울이려는 경향이 있으며, 유극의 영향을 받은 앞바퀴는 전환된 방향에 맞추기 위해 오른쪽으로 돌아간다. 분명, 모든 것은 다 안배의 문제다.

커브길에서 벗어나기 위해서는 원심력을 키워 오토바이를 다시 수직으로 세워야 한다. 커브 반지름을 줄이고, 특히 가속도가 붙으면 커브에서 벗어날 수 있다.

'투르 드 프랑스'의 풍자만화가 펠로스에게 경의를 표하며.

'왼쪽으로 가기 위해 핸들을 오른쪽으로 몰아간다'는 것은 터무니없어 보인다. 한데 자전거를 타는 사람은 두 손을 사용하지 않고 회전할 때 유사한 메커니즘을 활용한다. 왼쪽으로 잠시 시간을 끌거나 왼쪽으로 허리를 돌리면 자전거는 좌회전하기 시작하고, 원심력 때문에 오른쪽으로 기운다. 유극 덕택에 핸들이 그 뒤를 따르고, 자전거는 다시 오른쪽으로 방향을 전환하는 식으로 계속 이어진다. 속도가 느리기 때문에 자전거의 균형을 바꾸기는 어렵지 않다. 오토바이는 앞바퀴를 뒷바퀴의 반대 방향으로 돌려야 하지만, 자전거는 몸동작 하나로 충분히 방향을 조절할 수 있다.

인간의 힘으로 작동하는 헬리콥터

벌새를 연구한 결과, 인간이 오로지 자신의 힘으로 헬리콥터를 띄우는 데는 상당한 어려움이 따른다.

2만 달러의 상금이 걸린 프로젝트는 과연 성공할 수 있을까

USFWA

1977년, 미국의 폴 매크리디는 '가서머 앨버트로스(Gossamer Albatross)'라는 인간의 힘만으로 움직이는 비행기를 고안해 크레머 상을 받았다. 오늘날 헬리콥터 제조업체인 시코르스키 사는 최초로 인간의 힘으로 작동하는 헬리콥터를 제작하는 사람에게 상금으로 2만 달러를 주겠다고 발표했다. 이 일이 가능할까? 우리는 헬리콥터의 기능을 살펴보면서 정지 비행에 필요한 힘을 산정할 것이다. 그리하여 벌새가 조류 중에 유일하게 정지 비행이 가능한 이유를 추론해내고, 여간해서는 인간이 시코르스키 사의 도전을 감당하기 어려울 것이라는 결론을 이끌어낼 것이다.

정지 비행의 원리

이미 확인했듯이 헬리콥터는 처음에는 움직이지 않던 공기를 회전판을 이용해 아래쪽으로 빠르게 밀어내는 거대한 송풍기와 별반 다르지 않다. 작용 반작용의 법칙에 따르면, 공기가 날개에 가하는 힘은 공기를 움직이는 힘과 같지만 방향은 반대다. 이러한 반력(reaction force)이 헬리콥터의 무게를 상쇄할 때, 그 헬리콥터는 정지 비행을 하게 된다.

양력을 제공하는 공기의 속도는 어느 정도일까? 유체역학의 세부적인 내용을 피하면서 '부양 원반'의 개념을 활용해 이 속도를 추산해보려 한다. 우리는 오직 헬리콥터의 날개가 빨리 돌 때 희미하게 원반 모양을 이루는 회전판, 즉 부양 원반을 통과하는 공기만을 고려할 것이다. 1초 동안 이 회전판을 통과하는 공기의 양은, 높이가 빨아들인 공기의 속도 v와 같고 단면이 부양 원반의 면적 S와 같은 수직 원기둥 안에 들어 있는 공기량이다. 해당 공기의 질량 M은 이 부피 Sv에 공기의 밀도 p를 곱한 값이다. 회전판은 이 공기량 Svp에 그 질량 M과 공기의 속도를 곱한 값, 즉 Sv^2p와 같은 운동량 Q를 주면서 매초 그 Svp의 공기를 움직인다. 1초당 양도되는 이 운동량이 양력으로서 헬리콥터 무게 P와 같아야 한다. 그렇게 해서 부양이 이루어졌을 때 공기의 속도는 무게를 부양 원반의 면적 S와 공기의 밀도 p의 곱으로 나눈 몫의 제곱근이다($v=\sqrt{P/Sp}$).

헬리콥터는 부양 원반을 통해 공기를 아래쪽으로 밀어낸다. 레오나르도 다 빈치는 공기의 반작용이 헬리콥터의 무게를 상쇄한다고 생각했다.

■ Colibri, 프랑스어로 '벌새'라는 뜻이다.

유로콥터 사에서 만든 최신작 '콜리브리'■는 5미터 길이의 날개 덕택에 자체 1.5톤의 무게를 들어올린다. 따라서 정지 비행 상태에서 콜리브리는 초속 12미터로 공기를 밀어낸다(지면 높이에서 공기 1세제곱미터의 무게는 1.3킬로그램이다). 헬리콥터는 보통 어느 정도의 힘을 발휘할까? 정지 비행에서는 공기만 움직인다. 모터에 의해 제공되는 에너지는 운동 에너지 형태로 공기에 전달된다. 단위시간당 제공되는 에너지(힘)는 매초 움직이는 공기의 질량 M(=Svp)에 공기 속도 v의 제곱을 곱한 값의 2분의 1과 같다. 따라서 필요한 힘($Sv^3p/2$)은 속도의 세제곱에 비례한다. 콜리브리의 경우에 우리가 얻게 되는 힘은 90킬로와트로, 이 헬리콥터에 설치된 모터의 374킬로와트보다 네 배 더 작다. 이렇게 차이가 난다고 해서 놀랄 필요는 없다. 콜리브리는 날아오르고, 속도를 높이고, 사방으로 방향을 전환해야 한다. 그렇기 때문에 대개 최소한의 양력보다 더 많은 힘이 필요하다.

그렇게 에너지를 공급받아 아래쪽으로 향하는 공기의 속도를 높여야 정지 비행이 가능하다. 인간 헬리콥터의 경우, 우리가 조절할 수 있는 매개변수는 무게와 부양 원반의 면적이다. 헬리콥터의 균형 조건에 따라 속도를 제거할 때 필요한 최소 힘은 $1/2\sqrt{(P^3/Sp)}$이다(사실, 이전 결과에 1.4를 곱하면 최선의 추정치가 나온다). 그러면 이제 부양 원반의 면적 S를 늘리고 무게 P를 줄여야 한다. 그러나 인간의 경우에는 뜻밖의 또 다른 한계가 있다. 그것은 바로 열의 방출! 이제 그 내용을 살펴볼 차례다.

벌새에서 인간까지

언젠가 인간의 근력으로 정지 비행이 가능할지 알아보기 위해 벌새의 사례를 검토해보자. 벌새는 바람이 없을 때 제자리에서 날

벌새의 무게는 약 20그램이다. 벌새는 헬리콥터와 마찬가지로 공기를 아래쪽으로 밀어내면서 정지 비행을 한다.

수 있는 온혈 동물 중 무게가 가장 많이 나간다. 벌새는 헬리콥터와 마찬가지로 공기를 아래쪽으로 밀어내면서 정지 비행을 한다. 그래서 벌새를 두 날개가 휩쓸고 지나가는 일종의 부양 원반과 연관지어보려 한다. 우리의 공식에 따르면, 무게가 8.4그램이고 날개 너비가 8.5센티미터인 벌새의 경우 필요한 최소 힘은 200밀리와트이다.

두 배 더 크고 외형이 유사한 새도 정지 비행을 할 수 있을까? 이 새의 경우, 무게는 체적에 비례해 여덟 배 더 나가는 반면, 날개가 휩쓸고 가는 면적은 네 배 더 크다. 부양 에너지는 $8^3/4$의 제곱근, 즉 11.3배 늘어난다. 가용 근력은 어떠한가? 근육이 생산하는 주요 에너지는 열의 형태로 분산되고 신체 표면으로 방출되므로 그 효율은 약 20퍼센트이다. 이러한 제한 요인 때문에 온혈 동

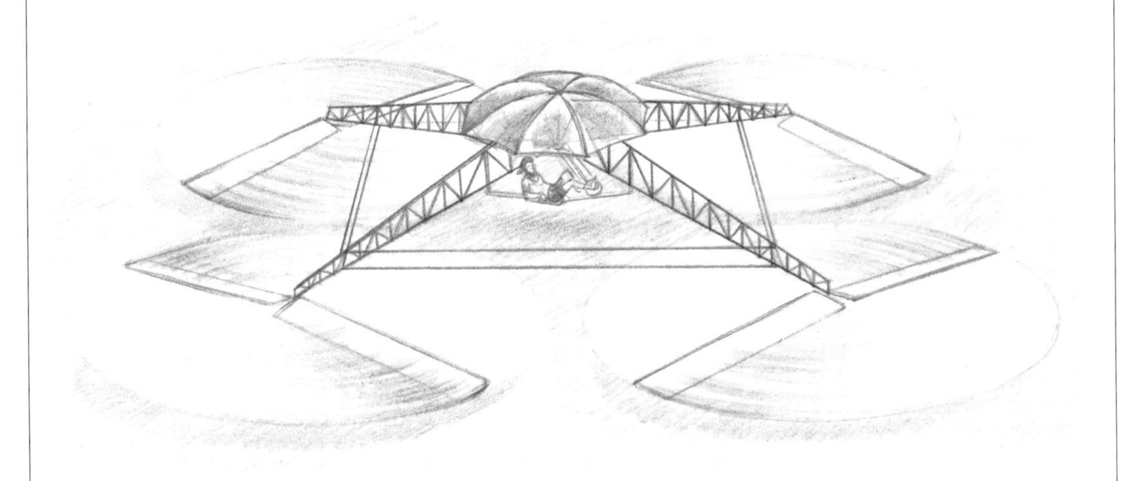

도쿄공업대학에서 인간의 힘으로 작동하는 헬리콥터 '유리 I'을 제작했다. '유리 I'은 날개 길이가 20.1미터이며 19.46초 동안 비행했다.

물의 최대 근력은 근육량에 비례한다기보다 오히려 몸의 표면적에 비례해 커진다. 그러니까 앞서 말한 벌새보다 두 배 더 크고 외형이 유사한 새의 근력은 최대 네 배 더 크다. 그렇게 해서 크기가 증가할 때 필요한 양력은 가용 에너지보다 더 빨리 증가하며, 이런 결함에 대처할 수 있는 방도는 외형을 변화시키는 것뿐이다. 만일 날개 길이가 두 배가 아니라 5.6배 늘어난다면, 양력은 가용 근력과 동일한 비율로 증가한다. 하지만 그러한 날개는 비례가 맞지 않으므로 벌새보다 더 무거운 동물은 정지 비행이 불가능할 것 같다.

인간은 벌새보다 1만 배 더 무겁다. 체중이 75킬로그램인 사람이 두 팔을 깃털로 덮고(날개 너비 약 2미터) 마치 이카로스처럼 벌새를 모방하려 할 경우, 정지 비행을 하는 데 7킬로와트가 필요할 것이다! 그런데 한 운동선수가 힘을 쓰는 동안 발휘할 수 있는 근력은 500와트 정도이며, 일시적으로 1킬로와트에 달할 수 있다. 인간은 자체 헬리콥터의 날개 길이를 늘려야 한다. 무게가 40킬로그램인 헬리콥터의 양력을 500와트로 환원시키기 위해서는 회전판의 지름이 약 30미터가 되어야 한다.

시코르스키 상은 도저히 탈 수 없는 걸까? 확실하지 않다. 그 업체가 정한 조건 중에 한 가지 희망이 있다. 한 변의 길이가 10미터인 정사각형 공간 내에서 60초간 비행하고, 비행 도중 어느 한 순간 3미터 고도에 도달해야 한다는 것이다. 그런데 공기는 지면을 통과할 수 없기 때문에 지면에 근접하면 양력이 상당히 증가한다. 일부 헬리콥터가 활용하는 이러한 '지면 효과'에서 다시 희망을 얻게 된다. 일본의 한 기술팀은 인간의 힘으로 작동하는 헬리콥터 '유리 I(Yuri I)'로 공중에서 20여 초 동안 정지 비행을 하는데 성공했다.

다양한 육상 기록은 그저
겉으로 드러나는 것에 불과하다.
상당수 기록은 단 하나의 근육,
즉 사두근이 힘으로
잘 전환되어 탄생한 것으로,
이러한 사실은
기록값으로 확인된다.

더 빨리 더 높이 더 힘차게

육상 경기 세계 신기록의 비밀

Mattibou

100미터 경기에서 10초, 장대높이뛰기에서 6미터, 멀리뛰기에서 9미터의 기록을 세우는 등 단거리 육상 선수와 각종 도약 경기 선수들은 우리를 깜짝 놀라게 한다. 체중보다 두 배나 더 나가는 역기를 번쩍 들어올리는 역도 선수들도 마찬가지다. 그렇지만 다양한 스포츠 종목에서 수립되는 각종 기록의 이면에는 하나의 공통분모가 숨어 있다. 그것은 다름 아닌 사두근(四頭筋). 사두근은 넓적다리 위쪽의 근육으로, 우리 신체 기관 중 가장 힘이 세며 짧은 시간에 강력한 힘을 쓸 때 최적의 성과를 낸다.

사두근이 전달할 수 있는 에너지는 어떻게 추산할 수 있을까? 그 에너지를 산정하기 위해 한꺼번에 아주 다양한 근육을 자극하는 종목에서 눈길을 돌려 역도를 살펴보자. 역도의 두 종목 가운데 하나는 인상(引上)이다. 인상 경기를 하는 선수는 처음에 무릎을 굽히고 두 팔을 곧게 편 상태에서 일어선 다음, 몸을 낮추었다가 다시 일어선다.

이렇게 힘을 쓰는 동안 실제로는 대퇴근만 작용하며, 신체의 나머지 부분은 그저 따르기만 할 뿐이다. 일어서기 전 첫 번째 단계에서(그림 1 참조) 역도 선수는 사두근을 단 한 번 수축시켰다. 그는 역기를 다리 높이만큼 들어올리고, 이어 역기에 충분한 속도를 가함으로써 1미터가량 올린다. 173킬로그램짜리 역기(2005년 77킬로그램 미만 체급에서 달성한 세계 기록)를 들어올렸을 때, 선수는 약 1700줄, 다시 말해 양쪽 사두근이 각각 850줄의 에너지를 제공했을 것이다.

이러한 추정은 이치에 들어맞을까? 그 점을 알아보기 위해, 도움닫기 없이 위로 점프를 한 번 해보자. 만일 이 에너지가 전부 다 중력 위치 에너지로 전환된다면, 체중 80킬로그램인 사람은 약 2미터 높이로 도약할 것이다. 이 수치는 꽤 높아 보인다. 단련된 농구 선수라면 도움닫기를 하지 않고 두 발을 모아 점프할 때 80센티미터 이상 올라간다. 도약할 때 생기는 신체의 굴곡이 40센티미터라는 것을 고려한다면, 그 선수의 무게중심은 약 1.2미터 오를 것이다. 다시 말해 960줄의 에너지, 즉 양쪽 사두근이 각각 480줄

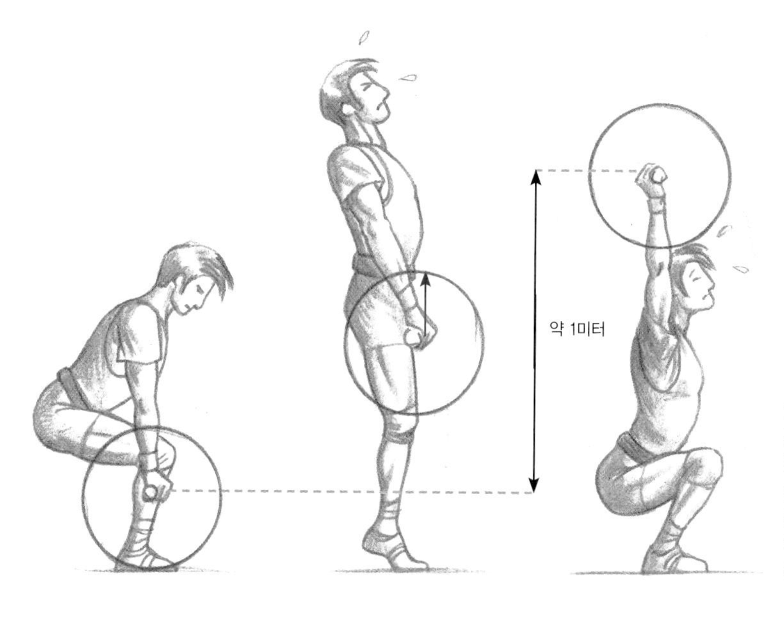

1. 역도 인상 경기에서는 대퇴근이 거의 '모든 일'을 한다. 선수는 단번에 몸을 일으키면서 역기를 들어올려 역기에 충분한 속도(빨간색 화살표)를 전달하며, 선수가 몸을 낮춰 역기봉 아래에 있는 동안 역기는 좀더 올라가게 된다.

의 에너지를 발휘할 것이다.

앞에서 언급한 850줄과 차이가 나는 이유는, 점프를 할 때는 잠시 근육을 쓰지만 역기를 들어올리는 경우에는 더 오래 근력을 사용하기 때문이다. 하중이 없기 때문에 점프를 하는 선수는 점프 동작 내내 최대 힘을 발휘하지 않는다. 그래서 우리는 단거리 경기와 도약 경기 선수의 기록을 추산하기 위해 사두근마다 에너지 값을 500줄로 잡고, 그 선수들이 단거리 경기나 도움닫기에서 보폭마다 500줄의 에너지를 쓴다고 간주할 것이다.

보폭당 약 500줄의 에너지

우리가 산정한 500줄은 단 한 번 힘을 쓸 경우에만 해당한다는 이견이 나올 수 있다. 운동선수는 힘을 쓸 때마다 매번 그와 같은 에너지를 전달할 수 있을까? 짧은 시간 힘을 쓸 경우에는 그럴 수 있다. 근섬유의 수축 에너지는 아데노신삼인산(ATP) 분자가 아데노신이인산(ADP)으로 분해되면서 만들어진다. 근육은 보유하고 있던 ATP를 1.2초 내에 연소하는데, 크레아틴인산 덕택에 ADP가 다시 ATP로 합성되면 1.2초의 짧은 시간이 약 10초로 늘어난다. 이러한 근육 작용을 혐기성(산소가 필요하지 않다), 비젖산성(젖산을 생성하지 않는다) 작용이라고 한다. 이 작용으로 20~50킬로줄을 얻을 수 있어 수십 차례 도움닫기가 가능하다.

혐기성, 비젖산성 메커니즘을 통해 순간적으로 최대 힘을 발휘할 수 있기 때문에 이 메커니즘은 단거리 경기, 각종 도약 경기, 역도 등에 효과적으로 작용한다. 좀더 오랫동안 힘을 쓸 경우, 인체에 저장된 당분을 끌어내고 공기 중의 산소를 이용해야 하기 때문에 또 다른 에너지 메커니즘이 작동한다. 단거리 경주를 하는 동안 보폭당 500줄의 에너지는 운동 에너지로 전환된다. 이미 확인한 대로, 축적된 에너지와 도달 속도에는 한계가 있다. 왜 그럴까? 공기의 마찰은 문제가 되지 않는다. 속도가 초속 10미터인 경우, 마찰에 의해 분산되는 힘은 가용 근력보다 5~6배 더 작기 때문이다. 진정한 한계는 달리기 메커니즘 그 자체에서 비롯된다. 말하자면 운동선수의 두 발은 제각기 번갈아가며 부동 상태(발이 지면에 닿아 있을 때)에서 선수가 달리는 속도의 두 배로 옮겨가기 때문에 두 다리의 속도가 일정하지 않은 것이다.

그 에너지로 초속 10여 미터 속도에 이르다

달리기 선수는 보폭마다 다리의 운동 에너지를 다시 바꾼다. 선수의 상체에 비해 뻣뻣한 다리의 움직임은 꼭 허리를 축으로 회전 운동을 하는 것 같다. 두 다리가 제각기 골반과 수직을 이룰 때, 다리의 운동 에너지는 다리의 질량에 달리기 속도의 제곱을 곱한 값의 6분의 1과 같다(다리 한 지점의 속도는 발에서 넓적다리 위쪽으로 올라가면서 감소하기 때문에 2분의 1이 아니라 6분의 1이다).

달리기 선수의 최대 속도를 추산해보자. 다리 하나(발을 포함)의 총 질량은 체중의 약 20퍼센트를 차지한다. 체중이 80킬로그램이라면 다리의 무게는 16킬로그램이다. 이 경우 사두근이 제공하는 500줄의 운동 에너지에 상응하는 발의 속도는 초속 약 13.5미터이다. 이것은 최고의 단거리 선수들이 세우는 초속 약 12미터에 근접한 수치다. 좀더 현

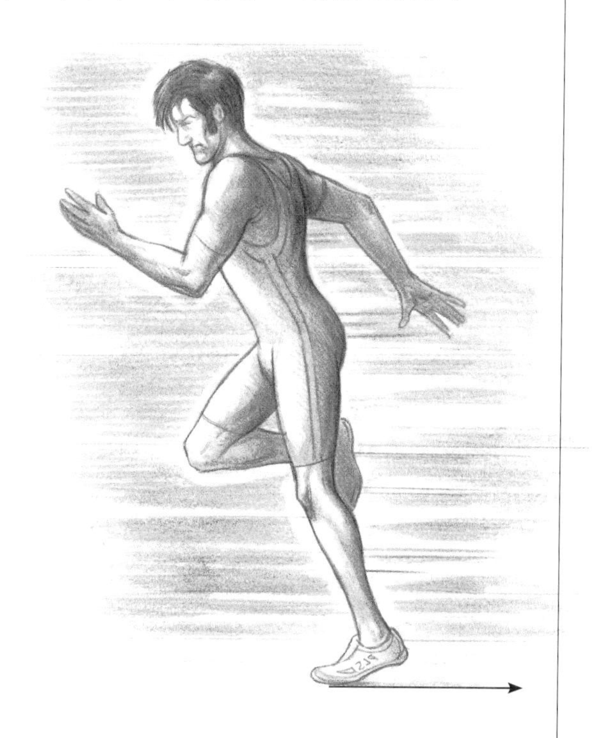

2. 달리기 선수의 경우, 내디딜 때마다 지면과 맞닿는 다리가 그를 앞으로 나아가게 한다. 상체에 비해 뻣뻣한 이 다리 동작은 허리를 축으로 회전하는 단단한 막대의 움직임과 비슷하다. 발의 속도(빨간색 화살표)는 다리가 골반과 수직을 이루는 순간 최대가 된다.

실적으로 많은 선수들에게 해당하는 초속 10미터의 속도 값을 채택하자.

다음으로 멀리뛰기를 해보자. 달려가는 동안 얻는 운동 에너지, 그러니까 초속 10미터로 달리는 경우에 4000줄의 에너지를 이용해 선수는 수평 방향으로 가능한 멀리 나아간다. 점프 각도가 45도일 때 최적의 결과를 얻을 수 있다. 그때 멀리뛴 거리는 속도의 제곱을 중력가속도로 나눈 몫과 같아서, 우리 예의 경우 10미터이다. 이 수치는 세계 기록 8.95미터에 상당히 근접한다!

사실, 도약 경기 선수들은 도약 단계와 착지 단계 사이에 무게중심이 내려가는 혜택을 입어 더 멀리 뛸 수 있다. 난점은 체형과 관련된 문제로, 속도를 처음의 수평 방향에서 지면에 기울어진 방향으로 변환하는 것이다. 그러면 관절과 근육 내에 상당한 에너지 손실이 생긴다.

높이뛰기가 그 점을 입증해주는데, 초속 10미터의 속도라면 높이뛰기 선수는 5미터, 선수의 무게중심이 올라가는 것을 고려하면 약 6미터를 뛰어오를 것이다. 현재 기록은 2.45미터에 불과하다.

그리고 그 에너지로 6미터 높이에 오르다

한편 현재 장대높이뛰기 기록은 6.14미터이다. 그저 우연의 일치일까? 그렇지 않다. 장대 덕분에 선수는 초기 운동 에너지를 효율적으로 사용하게 된다. 장대높이뛰기 선수가 장대를 세우는 순간, 그의 운동 에너지는 거의 모두 앞쪽으로 작용한다. 장대는 휘면서 선수가 휨 탄성 에너지 형태로 제공하는 에너지를 임시로 저장해둔다. 이 에너지는 장대가 곧게 펴질 때까지 점차 복원되어 선수는 위로 올라가게 된다. 이때 거의 최적의 결과에 도달한다. 그리하여 신체적인 차이에도 불구하고 세계 기록 보유자인

아사파 파월(100미터), 하비에르 소토마요르(높이뛰기), 마이크 파월(멀리뛰기), 세르게이 부브카(장대높이뛰기), 후세인 레자자데(역도)가 수립한 기록은 사두근이라는 공통분모를 바탕으로 동등한 가치를 지닌다.

3. 장대높이뛰기 선수는 도움닫기로 얻은 운동 에너지를 장대를 이용해 탄성 에너지로 바꾼다. 장대는 다시 펴지면서 이 운동 에너지를 복원하고, 선수는 그 에너지로 더 높이 가로 봉을 뛰어넘는다. 이 방법은 속도의 방향을 수평에서 수직으로 변환하는 데 아주 효과적이다. 이렇게 얻은 높이뛰기 기록은 수평 속도를 초속 10미터로 설정하고 이론적으로 계산한 수치에 근접한다.

경이로운 활쏘기 기술

오랜 세월 활이 사랑받아온 이유

활이 인기를 끄는
비결은 무엇일까?
무엇보다 활은 단순하고
자신의 에너지를 아주 효율적으로
화살에 전달하기 때문에
많은 사랑을 받고 있다.

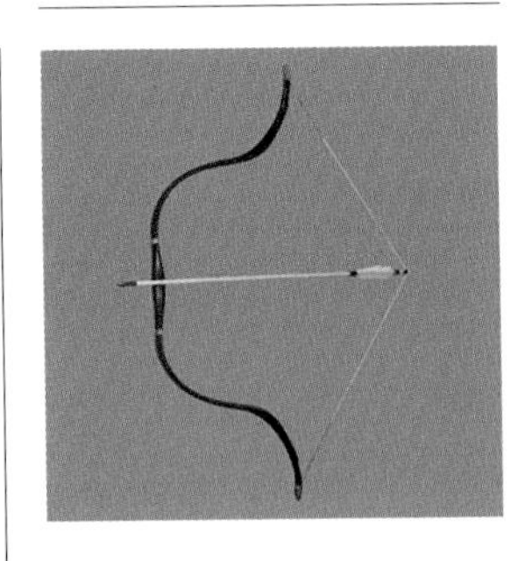

활쏘기는 오늘날 올림픽 종목이자 평화를 수호하는 우아한 몸짓을 상징한다. 한데 활은 오랫동안 위험한 실전 무기로 쓰였다. 구식 보병총과 소총이 출현하기 전까지, 투척용이나 발사용 무기 중에서 그 어떤 것도 활에 필적하지 못했다. 재빨리 간단하게 사용할 수 있는 활은 화살에 상당히 큰 에너지를 전달한다. 에너지 저장과 발사체에 의해 복원되는 에너지는 어떻게 그처럼 효율적일까?

활은 쇠뇌나 투석기보다 더 빠르고 가볍다. 쇠뇌와 투석기는 무거운 평형추의 중력 위치 에너지를 활용하는 장치로, 사전에 평형추를 들어올려야 한다. 활은 투석기보다 더 정확하고 공간도 덜 차지한다. 투석기는 발사체를 점점 더 빨리 돌려 운동 에너지를 축적한다. 반면 활쏘기 준비 동작은 단순하다. 궁수가 활시위를 잡아당겨 활대를 휘게 하면, 축적된 탄성 변형 에너지가 활을 쏠 때 화살에 양도된다.

이 에너지의 최댓값은 오직 궁수의 신체 조건과 체력에 달려 있다. 다시 말해 궁수가 시위를 당길 때 손이 움직인 거리(이하

'리치')와 최대로 발휘할 수 있는 힘—특히 편안하게 겨냥하기 위해 당긴 활시위를 잠시 지탱할 수 있는 최대 힘—에 의존한다. 궁수가 동작을 하는 내내 동일한 힘을 가한다고 가정하면, 저장된 에너지는 힘과 리치를 곱한 값과 같다. 보통 키의 숙달된 궁수라면 팔 길이로 결정되는 리치가 약 70센티미터이고, 최대 힘은 활쏘기에서 사용되는 측정 단위에 따르면 50파운드, 즉 약 222뉴턴에 근접한다. 이 경우 활에 저장되는 에너지의 최댓값은 156줄이 될 것이고, 우리는 이 수치를 최적값으로 간주한다.

끝이 구부러진 '리커브 활'을 쓰면 힘이 덜 든다

사실 궁수가 들이는 힘은 일정하지 않다. 그 힘은 처음에는 0이었다가 점점 증가해 손동작이 끝날 때 최댓값에 도달한다. 곧게 펴진 형태의 곧은 활(예를 들어, 1346년 크레시에서 프랑스 기병을 괴멸

1. 궁수가 활에 화살을 걸고 시위를 당겼을 때 시위가 벌어진 거리(진한 파란색 화살표)를 '리치'라고 한다. 저장된 에너지는 이 리치와 활을 잡아당기는 데 가해진 힘(빨간색 화살표. 주황색 화살표는 줄의 강도를 나타낸다)에 좌우된다. 곧은 활의 경우, 이 에너지는 최적값(리치에 최대 힘을 곱한 값)의 절반과 같다.

시킨 영국의 긴 활)을 당길 때 가해지는 힘은 용수철의 경우와 마찬가지로 운동 폭에 비례한다. 이 경우 저장된 에너지는 최적값의 2분의 1로서 우리가 든 예에서는 78줄이며, 이 에너지로 충분히 20그램짜리 화살을 시속 약 320킬로미터로 발사할 수 있다.

어떻게 하면 곧은 활을 능가해 최적값에 근접할 수 있을까? 양끝이 구부러진 활, 이른바 '리커브 활'을 이용하면 가능하다. 이미 고대 페르시아인들이 그런 활을 썼으며, 현대의 궁수들도 리커브 활을 사용한다. 끝이 구부러진 형태 덕택에 활시위의 복원력은 손동작을 시작하는 시점에 상당히 커지지만, 동작이 끝날 무렵에는 훨씬 더 천천히 증가한다.

2. 리커브 활을 쏠 준비를 할 때, 시위가 활에 가하는 힘(주황색 화살표)의 힘점과 받침점 간의 거리(점선)가 커져서 궁수가 들이는 힘이 줄어든다. 리치가 늘어나는 동안 줄을 당기는 힘은 천천히 증가할 뿐이다. 주황색 점선은 활 날개의 중간 쪽으로 위치해 있는 한 지점, 날개가 가장 쉽게 휘는 지점에 작용한다.

시위가 없는 상태에서 활대는 양끝이 반대 방향으로 휘어 있다. 활시위를 매려면 상당한 힘을 가해야 한다. 궁수가 준비 동작을 시작하기도 전에 시위는 아주 팽팽한 상태다. 손동작을 시작하는

단계에서, 고정점 부근에 있는 시위는 대와 맞닿아 있다. 휘어 있던 대가 펴지면서 시위는 활에서 떨어지고, 활의 끝부분과 시위의 접촉점은 화살에 의해 구현되는 축에서 멀어진다. 그리고 시위가 활에 가하는 힘점과 받침점 간의 거리는 길어진다(그림 2 참조). 가해진 모멘트 값(힘에 힘점과 받침점 간의 거리를 곱한 값)이 동일한 경우, 힘의 세기는 더 약하다. 그래서 곧은 활에 비해 리커브 활을 당기는 데 필요한 힘은 리치가 늘어나는 동안 그다지 많이 증가하지 않는다.

실제로 리커브 활은 곧은 활보다 에너지를 40퍼센트 더 축적할 수 있으며, 이 활을 쓰면 최적값의 70퍼센트 선에 도달하게 된다. 또 전통적인 활보다 작지만 동일한 에너지를 저장할 수 있다. 게다가 다루기도 쉬워서 기병들에게 더욱 적합하다. 몽고 유목민들이 그런 활을 애용한 이유를 십분 이해할 수 있을 것 같다. 현대 발명품이라 할 수 있는 컴파운드 활은 한층 더 진보한 것이다. 활의 양끝에 달린 도르래 덕택에 인장력은 동작이 끝날 때 상당히 줄어들어 최대 힘의 30퍼센트 선에 그친다. 성능이 뛰어난 이 활은 준비 동작을 할 때 일시적으로 많은 힘이 들지만, 마무리 단계에서는 한층 수월하게 자세를 유지할 수 있어 아주 편안하게 과녁을 겨냥하게 된다.

어떤 에너지가 화살에 전달되는가

활은 일단 에너지가 축적되면 대부분의 에너지를 화살에 넘겨주어야 한다. 활에는 변형 에너지든 운동 에너지든 에너지가 전혀 보존되지 않기 때문에 화살이 모든 에너지를 다 실어 가는 것이다. 화살이 발사되는 순간, 발사 시스템은 움직이지 않아야 한다. 창 던지는 사람을 지켜보면 그 작업이 쉽지 않다는 것을 알 수 있

3. 활시위를 놓으면, 시위는 점점 더 빨리 원래의 직선 위치에 다다른다. 그와 동시에 활 끝부분의 속도는 줄어들면서 상쇄된다. 다시 말해 화살이 발사되는 순간, 모든 운동 에너지가 시위와 화살 안에 집적되어 에너지가 효율적으로 전달되는 것이다.

다. 동작이 끝났을 때, 그 사람의 손은 창과 동일한 속도로 움직인다. 발사체에 에너지를 전하기 위해 투포환 선수나 투창 선수는 에너지를 소모해 몸과 팔의 속도를 높인다. 현대식 활은 저장된 에너지를 최대 80퍼센트 선까지 화살에 전달한다.

어떻게 이처럼 효율적으로 에너지를 전달할 수 있을까? 화살이 활을 벗어날 때, 다시 말해 시위가 원래의 직선 위치를 통과할 때, 활을 구성하는 제반 요소의 속도를 검토해보자. 먼저 움직이는 부분 중 가장 덩치가 큰 양 날개(limb)에 관심을 가지고 천천히 그 상황을 재현해보자. 한 손으로 활을 들고 다른 손으로 중간 지점의 시위를 잡아 몇 센티미터 당겨보자. 시위는 V자형이 되고, 활의 양끝 부분은 형태가 바뀌어 활의 두 접점이 서로 가까워진다. 활쏘기가 끝난 상황을 모의 실험하기 위해 시위를 일정한 속도로 다시 원위치로 돌려보자. 그리고 시위를 손잡이 쪽으로 밀면서 그 동작을 계속해 실험을 증명해보자. 시위가 직선 위치로 옮겨갈 때, 시위의 두 접점 간 거리는 증가한다. 이 위치를 넘으면 활은 다시 팽팽해지고 그 거리는 감소한다. 결과적으로 시위가 직선 위치에 도달하는 바로 그 순간, 시위의 두 접점 간 상대속도는 0이다. 더 정확히는 수직 속도가 관건이지만, 이 순간 활대의 수평 속도 역시 0이라는 사실을 확인할 수 있다. 달리 말하면 화살이 떨어져 나가는 순간 활의 양끝 부분은 움직이지 않는 반면, 시위는 유효적절하게 움직이는 것이다.

그렇게 해서 화살이 발사되는 순간 시위만 유일하게 움직인다. 활 양끝 부분의 탄성이 완벽하다면 저장된 에너지는 전부 운동 에너지 형태로 존재하며, 화살과 시위 사이에 그 둘의 질량 비율과 동일하게 배분된다. 화살 하나의 무게는 약 20그램이며, 시위의 무게는 6그램이다. 시위가 부분마다 속도가 같지 않다는 사실을 고려하면, 시위의 '유효' 질량은 3등분되어 결국 2그램이다. 그러므로 화살은 저장된 에너지의 약 90퍼센트를 회수한다. 활을 쏘는 사람들에게는 다행스럽게도 시위의 탄성, 그리고 활을 쏠 때 시위나 활의 진동과 같이 거추장스럽게 따라붙는 작용은 에너지 전달에 거의 영향을 미치지 않는다. 화살은 에너지를 가득 싣고 과녁을 향해 출발한다. 과연 화살이 과녁에 도달할 수 있을까?

화살이 과녁에 도달하려면
먼저 궁수가 정확한 동작으로
화살을 쏘아야 하겠지만,
발사되는 화살이 활대를
벗어날 수 있도록
화살의 강도 역시 활에
잘 맞아야 한다.

화살을 따라가보자

과녁 정중앙에 꽂히는 화살의 비밀

세계 최고의 궁수들은 70미터 거리에서 과녁 중심에서 채 5센티미터도 벗어나지 않은 지점에 자기들이 쏜 화살의 절반을 꽂아 넣는다. 화살은 직선으로 날아가지 않으며 복잡 미묘하고 잡다한 힘의 작용을 받는데, 그렇게 정확히 꽂히는 장면은 참 인상적이다. 궁수와 화살에는 어떤 놀라운 비밀이 숨어 있기에 그처럼 정확히 과녁을 명중하는 걸까?

양궁의 과녁 중심에는 지름 10센티미터의 원이 그려져 있다. 70미터 떨어진 곳에서 궁수는 10분의 1도 미만의 각도로 과녁 중심을 보고, 1밀리미터라도 정확하게 시위와 손의 위치를 조정해야 하며, 한 번 쏘고 나서 다시 발사하기 전까지 이런 정확도로 동일한 동작을 반복해야 한다. 그러기 위해 궁수는 코와 입술을 좌표로 삼아 활의 조준 장치를 과녁 중심에 맞춘다.

화살은 과녁 중심에 도달하기 위해 어느 방향으로 출발해야 할까? 이때 공기 저항은 상대적으로 거의 영향을 미치지 않는다. 화살은 포물선을 그리며 날아간다. 보통 초속 70미터(시속 250킬로미터)의 속도라면, 화살이 날아가는 시간은 1초 정도 된다. 과녁에 닿는 순간, 화살은 초속도의 연장선에 위치한 지점에서 어느 거리만큼 떨어진 곳에 꽂힌다(그림 1 참조). 이 낙차는 중력가속도에 비행 시간 제곱을 곱한 값의 2분의 1과 같다($gt^2/2$). 우리가 든 예의 경우 낙차는 약 5미터로, 화살의 초속도는 궁수와 과녁 중심을 연결하는 직선과 4도의 각도를 이루어야 한다는 결론이 나온다.

제어된 화살의 낙하

적정한 방향으로 쏜다고 해서 다 과녁에 도달하는 것은 아니다. 낙차는 날아가는 시간에, 따라서 화살의 초속도에 의존한다. 궁수는 발사할 때마다 5센티미터 낙차로, 다시 말해 1퍼센트 오차 범위로 힘을 가해 준비 동작을 해야 한다. 화살이 날아가는 시간은 화살의 속도에 반비례하고 화살의 속도는 리치(궁수가 준비 자세를 갖추고 움직이지 않을 때 시위의 원위치에서 당긴 거리)에 비례하기 때문에, 낙차는 리치의 제곱에 반비례한다. 이 결과에 따르면 1퍼센트 차로 낙차를 제어하기 위해 궁수는 0.5퍼센트, 그러니까 약 3밀리미터 차로 리치를 복원해야 한다.

1. 70미터 거리의 과녁을 맞히기 위해, 궁수는 먼저 활을 수직 상태로 똑바로 들고 조준 장치를 조정해 과녁 중심을 향해 정확히 화살을 쏘아야 한다. 또 화살에 일정한 속도를 전달해야 하는 궁수는 화살이 일및게 뒤로 당겨졌을 때 철컥하는 클릭 장치(확대한 그림 참조)를 사용한다. 화살은 거의 포물선을 그리며 날아간다. 도착 지점에서 화살은 초속도의 연장선에 위치한 지점보다 수직으로 5미터가량(보라색) '떨어진' 지점에 박힌다.

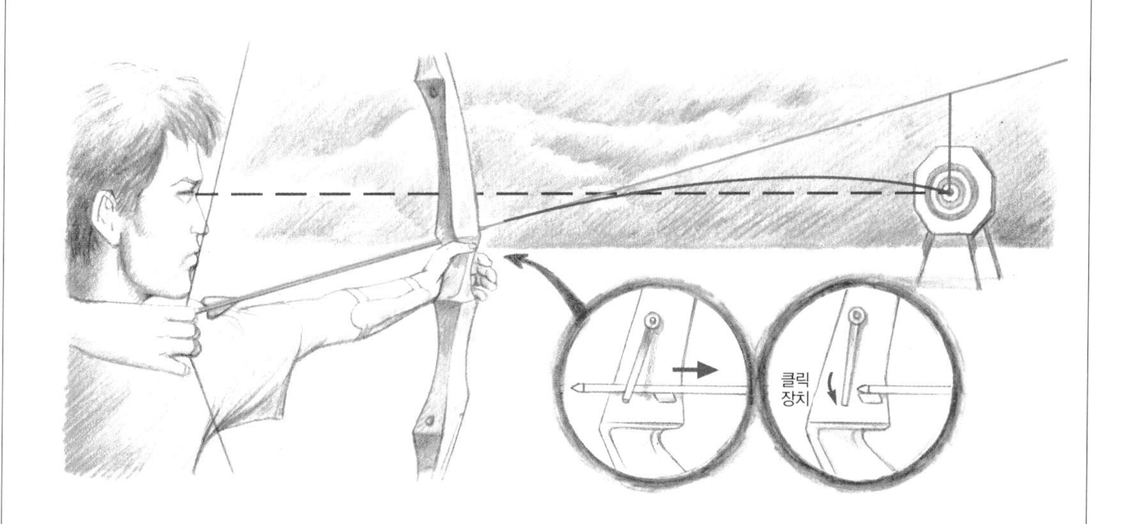

그렇게 하기 위해서는 위치와 힘을 지각하는 운동 감각만으로는 충분하지 않다. 궁수는 '클릭 장치'를 활용해 리치를 제어한다. 이 장치는 유연하게 작동하는 얇은 판으로, 활대 앞쪽에 고정되어 있다. 궁수가 쏠 준비를 할 때 화살이 뒤로 물러나면서 클릭 장치가 부동 위치에서 비껴나고, 화살은 그 아래에서 뒤로 미끄러진다. 화살 끝이 판 아래쪽에 이르면 판은 바로 활대에 부딪혀 '철컥' 한다. 그때 궁수는 리치가 적절하다는 것을 알고 비로소 화살을 쏘게 된다.

궁수의 역설

활의 조준 장치가 제대로 조정되고 궁수가 발사 방향과 힘을 제어한다고 해도 여러 가지 방해 작용을 받는다. 곧은 활에서 발사되는 화살의 모습을 관찰해보자. 먼저 화살을 활대에 맞대어놓으면 화살은 약간 측면을 향한다. 술이 가하는 힘이 화살의 축 내에 작용하지 않아 그 힘 때문에 화살은 수직 축 주변을 돌게 된다. 게다가 궁수가 시위를 놓을 때, 시위는 손가락 위에서 약간 미끄러지며 횡속도를 얻는다. 끝으로, 화살의 뒷부분은 깃이 달려 있어 몸체보다 더 넓다. 그런데 이 모든 현상에도 불구하고 화살은 활의 면 안에 위치한 한 지점에 잘 도달한다.

이러한 '궁수의 역설'은 1930~1940년대에 미국 물리학자 폴 클롭스테그가 규명했다. 그는 초고속 카메라를 이용해 화살이 발사될 때 비틀리고 앞으로 나아가면서 진동한다는 사실을 확인했다. 화살은 활대 주위에서 구불구불하게 이동하는 것처럼 보였다. 이러한 화살의 움직임을 어떻게 설명할 수 있을까? 시위를 놓는 손가락 때문에 시위가 미미하게 요동침으로써 화살 뒤쪽 끝에 중력가속도보다 몇 백 배 더 큰 횡가속도가 전달된다. 이 측면

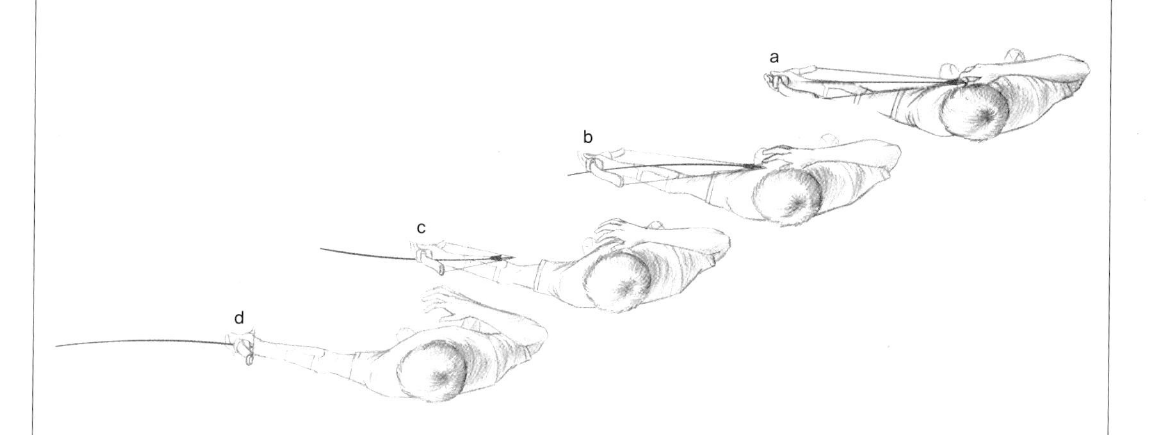

2. 활대에 걸쳐진 화살은 추진력의 축에서 약간 벗어난다. 활을 쏘면서 (b) 손가락은 화살의 뒤쪽에 측면 충격을 가한다. 그 결과 화살은 진동하면서 휘어져 앞으로 나아가 활대를 빠져나간다(c, d).

의 이동이 관성에 의해 즉각적으로 감지되지 않기 때문에 화살의 몸체는 활대에서 나오는 힘을 받는 지점에서 구부러진다. 비브라폰 판의 한쪽 끝에 힘이 가해진 경우처럼, 화살은 수평면 안에서 진동하기 시작한다.

만일 화살의 진행 주기와 굴절 주기가 같다면, 화살의 몸체는 활대에 접촉하지 않는다(그림 2 참조). 화살의 중간 지점이 활대 선상에 도달할 때, 화살의 양끝은 활의 면 안에 있는 반면, 화살의 중간은 그 면에서 벗어나 있다(그림 2c 참조). 화살은 활을 빠져나가면서 다른 방향으로 휜다(그림 2d 참조). 이렇게 진동하기 때문에 처음에 화살의 궤적은 굴곡을 이루지만, 공기 마찰 때문에 진동이 약화되어 화살은 겨냥한 방향대로 잘 날아간다.

이러한 교란 작용을 최대한 줄이기 위해 1930년부터 P. 클롭스테그가 구상한 활이 현대 활의 전신이 되었다. 중간 부분이 쏙 들어간 활대 덕택에 화살은 활의 면 안에 놓인다. 게다가 측면이 접촉할 때 지나치게 힘을 가하지 않도록, 용수철 위에 올려진 작은 버튼에 맞대어 화살이 놓여 있다. 궁수는 나사를 이용해 용수철의 강도를 제어하면서 화살의 진동 폭을 조절한다.

이밖에도 화살에 달린 깃이 활대와 마찰을 일으키지 않도록 화살을 잘 선택해야 한다. 화살 깃이 활대에 닿지 않으려면, 화살 끝이 활대에 도달하는 시간은 화살 진동 주기의 1.5배가량 되어야 한다. 이 경우 깃과 활대 사이의 간격은 최댓값에 근접한다. 진동 주기는 화살의 질량과 강도에 의존한다. 그렇지만 질량은 이 주기와 화살이 활대를 넘는 데 걸리는 시간을 조정하는 데 관여하지 않는다. 여러 계산 결과, 무거운 화살은 가벼운 화살보다 훨씬 느리게 진동하지만 화살이 빠져나가는 속도는 동일한 비율로 감소한다. 그러므로 화살이 활에 적합한지 알기 위해서는 그 강도를 측정해보면 된다. 화살의 강도를 알아보기 위해 수평으로 놓인 화살의 한쪽 끝을 고정하고 다른 쪽 끝에 저울추를 매달아 굴절도를 측정하는 방법이 있다. 강도가 부적합하다면 화살을 바꾸어야 한다. 아니면 활을 바꾸거나!

회전력이 강한 공의 기술

베컴이 차는 절묘한 프리킥의 비밀

놀랍게도 데이비드 베컴이나 호베르투 카를루스의 절묘한 프리킥은 커다란 포물선을 그리며 골문으로 빨려 들어간다. 그것은 속도에 따라 공 주위를 흐르는 후류와 공이 받는 마찰력이 변하기 때문이다.

2004년 유럽 축구 선수권 대회(유로 2004)의 결승전 경기 상황. 프리킥을 차는 선수가 돌진하면서 시속 100킬로미터가 넘는 속도로 공을 날려 보냈다. 공은 수비벽 위를 지나 골대 위쪽의 한 지점을 향해 오른쪽으로 날아갔다. 골문 근처에서 갑자기 속도가 떨어진 공은 옆으로 미끄러지며 왼쪽 그물망 속으로 쏙 들어갔다! 공중에서 공 뒤로 형성되는 공기의 흐름을 분석해보면, 어떤 힘에 의해 공이 그처럼 방향을 틀고 또 궤적의 끝에서 공의 속도가 급격히 떨어지는지 밝혀낼 수 있다.

공 주변의 공기 흐름

공에 작용하는 힘을 살펴보기 위해 풍동 실험을 실시해, 송풍기 안에 공을 고정해두고 속도를 제어하면서 공기를 흘려보내보자. 이때 공 주변을 흐르는 공기의 양상과 이렇게 흐르는 공기가 반작용으로 공에 가하는 힘을 관찰한다.

공기는 천천히 흐를 때 공의 표면을 따라가다가 공 뒤쪽에서 합류해 장애물을 만난 적이 없는 것처럼 계속 흘러간다. 이 경우에 공은 표면에 닿는 공기의 점성 마찰력을 받는다.

공기는 흐르는 속도가 시속 1킬로미터를 넘어설 때부터 더 이상 공 주위를 따라가지 않고 표면에서 떨어져 나간다. 그로 인해 공 뒤쪽에 소용돌이같이 어지럽게 흐르는 후류가 나타난다. 이 후류는 물살이 빠를 때 교각 뒤쪽에서 볼 수 있는 난류와 아주 비슷하다. 그렇게 해서 공 때문에 공기의 속도가 떨어지고, 공기는 반작용으로 운동 방향과 반대로 작용하는 힘, 다시 말해 후류의 항력을 공에 가한다. 이 항력은 점성 마찰력 때문에 생긴 항력보다 훨씬 더 크다. 이 힘은 공의 횡단면, 공기가 흐르는 속도의 제곱, 공기의 밀도, 이른바 '항력계수'의 2분의 1에 비례한다. 구형 물체의 경우, 항력계수는 약 0.5이다. 반지름 11센티미터, 무게 0.4킬로그램의 축구공이 공중에서(이때 공기의 밀도는 1.3kg/m^3) 시속 70킬로미터의 속도로 날아갈 경우, 이 공은 후류 때문에 공의 무게와 같은 항력, 즉 약 4뉴턴의 힘을 받는다. 따라서 공은 떨

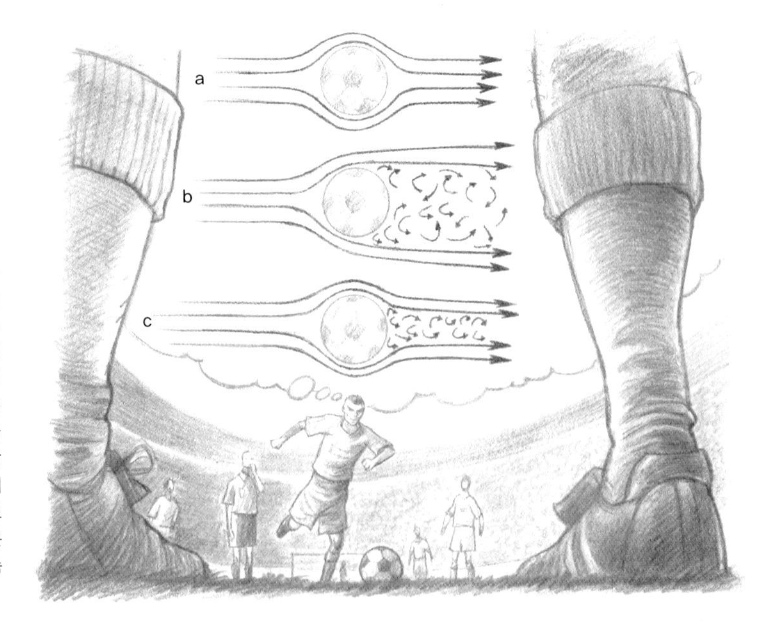

공 주변을 흐르는 공기는 속도에 따라 성질이 변한다. 시속 1킬로미터 미만일 경우(a) 기류는 층류를 이루며, 공 표면에서 일어나는 공기와의 마찰에 의해서만 공의 속도가 떨어진다. 속도가 더 빠른 경우(b)에는 소용돌이성 후류, 즉 난류가 나타나며, 그 지름은 공의 지름에 도달할 때까지 증가한다. 이러한 현상은 제동력을 상당히 증대시키지만, 공 표면의 난류로 후류가 줄어들기 때문에(c) 제동력은 빠른 속도로(시속 80킬로미터 이상) 감소한다.

어지면서 가속도가 붙는 만큼 속도가 떨어질 것이다.

한계막의 이탈

후류는 어디서 생기는 걸까? 송풍기 안에서 흐르는 공기는 공이라는 장애물 때문에 방향이 바뀔 뿐만 아니라, 관이 좁아졌다 넓어질 때처럼 그 속도도 변한다. 사실, 관 안의 유량은 일정해서(단면적과 속도의 곱에 비례) 유체의 속도는 관이 좁아질 때 증가하고 넓어질 때 감소한다. 비슷한 형태로 공기가 공 앞에서 흘러갈 때는 기류의 단면이 줄어들어 공기의 속도가 증가한다. 반대로 일단 공의 적도선을 넘으면 흘러갈 수 있는 공간이 증가해 공기는 속도가 떨어지고 공의 최전방에서 흐르던 속도로 나아가게 된다.

공 표면에서 몇 밀리미터 떨어진 곳을 지나는 공기는 속도가 줄지 않고 자유롭게 흘러간다. 반대로 공 표면과 맞닿는 공기는 들러붙은 것처럼 보인다. 몇 밀리미터 두께의 막, 다시 말해 한계막 내에서 전이가 일어난다. 한계막에서 흐르는 공기는 한계막 바깥에 있는 공기에 의해 끌려가지만, 또한 공 표면의 공기 마찰력 때문에 제동이 걸린다. 그리하여 (공 앞쪽의) 가속 단계에서 한계막의 공기는 공에서 떨어져 있는 공기보다 가속도가 덜 붙으며, (공의 적도선을 지난 후) 감속 단계에서 더욱 속도가 떨어진다. 결국 한계막의 공기는 공의 맨 앞쪽에 있는 공기의 속도를 회복하는 게 아니라, 정지점까지 속도가 떨어진 다음 공 전체를 돈다. 이 정지점 가까이 공에서 좀더 멀리 떨어져 흐르는 공기는 표면에서 벗어난다. 한계막이 '떨어져 나가' 후류가 나타나는 것이다. 이러한 이탈 과정이 일찍 일어날수록 후류는 커지고 더 강력하게 제동이 걸린다.

공을 차는 선수는 바로 호베르투 카를루스

이제 후류가 형성되는 원리를 이해했으니 프리킥으로 찬 공이 날아가는 경로를 그려보자.

호베르투 카를루스가 프리킥을 찬다고 가정하자. 이 경우, 공의 속도는 출발점에서 시속 120킬로미터에 도달할 수 있을 것이다. 이 속도라면 심지어 한계막도 단순히 후류에 그치지 않고 어지럽게 소용돌이친다. 이런 난류가 표면을 스치는 공기와 더 멀리 지나가는 공기를 뒤섞음으로써 한계막은 공의 뒤쪽 부근, 즉 공의 적도선과 후방의 중간 지점에서 떨어져 나가게 된다. 그 결과 후류의 단면은 4등분된다. 지나가는 공 때문에 어지럽게 흩어지는 공기량(따라서 후류의 단면)에 비례하는 항력은 그만큼 줄어든다.

그래서 프리킥을 찰 때, 공이 출발하는 시점이 항력은 비교적 약하다. 그럼에도 불구하고 난류가 한계막에서 사라질 때까지 공에는 제동이 걸린다. 그때 눈 깜짝할 사이에 400퍼센트나 증가하는 항력 때문에 공은 급격히 속도가 떨어져 마치 중력을 되찾기라도 한 듯이 골문을 향해 내리꽂힌다.

회전하는 공의 후류는 속도 축 바깥에서 굴절된다. 마치 공이 회전하면서 후류와 '마찰을 일으켜' 후류를 끌고 가는 것 같다. 결과적으로 공은 측면으로 벗어나게 하는 반작용의 힘을 받는다(검은색 화살표).

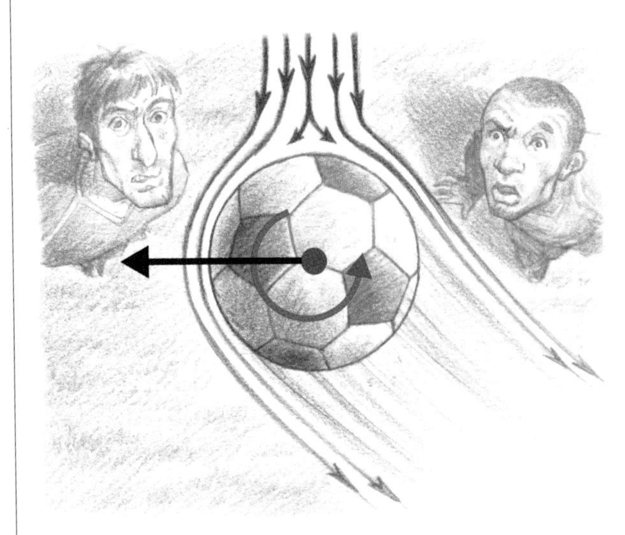

그리고 선수는 골키퍼가 쉽게 공을 잡지 못하도록 공의 측면을 찬다. 공에 빠른 회전을 거는 것이다. 예를 들어 위에서 봤을 때 시계 반대 방향으로 회전하도록 공을 찬다고 가정해보자. 공의 오른쪽 측면에는 공 표면의 회전 속도가 공의 전체 속도에 추가된다. 회전 운동으로 인해 공 표면에 대한 공기의

적절하게 회전이 걸린 공의 궤적은 수직면과 수평면에서 그 곡률이 동일하다. 상당히 세게 공을 찬다면 공의 속도는 궤적의 끝 지점에서 역시 아주 크게 감소할 것이며, 그러면 골키퍼는 감쪽같이 속고 말 것이다.

상대속도는 증가하고, 한계막의 공기 속도는 더 많이 떨어진다. 한계막은 기류의 더 앞부분에서 떨어져 나간다. 반대로 왼쪽 측면에서는 공기가 공의 표면과 함께 흐르고, 한계막은 더 뒤쪽에서 떨어져 나간다. 결국 공의 좌우 면에서 한계막의 이탈점이 비대칭을 이루어 후류의 방향은 오른쪽으로 바뀐다.

그렇게 되면 회전하는 공의 작용에 대해 후류의 반작용이 일어나면서 공은 슛을 날린 선수의 왼쪽으로 꺾인다. 빠른 회전(1초당 약 10번의 회전)으로 만들어지는 후류의 굴절각이 30~45도라면 측면 횡력은 항력, 따라서 공 무게와 변화율이 같다. 이 경우에 공이 날아가는 궤적의 곡률은 수평면과 수직면에서 동일해, 공은 처음 겨냥한 지점에서 몇 미터 빗겨나 골문에 도달한다! '프리킥'이라고 해서 말 그대로 다 자유분방한 것만은 아니다.

감수의 글

노상카페에서 에스프레소 한 잔을 시켜놓고, 삼삼오오 모여 앉아 하루 종일 떠드는 민족이 있다. 바로 프랑스 사람들 얘기다. 바쁘지 않은 민족인가, 아니면 언어가 발달하지 못해 간단한 사실조차 설명하는 데 몇 시간씩 걸리기 때문인가? 아니다. 본질적으로 이 나라 사람들은 떠들기를 좋아한다. 더 정확하게는 한 사건 · 사실에 대해 자신이 들여다보는 관점을 구구절절 이야기하기를 좋아한다. 이러한 프랑스인의 민족성(?)은 인문학이든 자연과학이든 어느 분야에 종사하는 사람이든 간에 모두 비슷하게 나타난다. 그래서인지 프랑스인들은 어떤 현상을 조리 있게 설명해 다른 사람을 잘 설득하는 능력을 중요시하는 경향이 있고, 이는 바칼로레아 시험에 논술이 중요한 위치를 차지하는 것만 봐도 알 수 있다.

처음 《물리로 이루어진 세상(Le monde a ses raisons)》을 접하고는 나는 '역시나' 하는 생각이 들었다. 눈송이가 어떻게 신비스런 모습을 띠고, 화재 진압에서 물은 어떤 구실을 하며, 어떻게 불꽃놀이 폭죽으로 하늘에 글자를 새겨 넣을 수 있을까 등 우리 주변의 잡다한 이야기를 정말 구구절절 꼼꼼히 따져 설명하고 있다. 간단한 수식 몇 줄, 법칙 몇 마디로 다 설명된다고 믿어버리는 우리네 풍토와는 사뭇 대조적이다. 실제로 우리가 "이러이러할 것이다" 하고 쉽게 믿는 사실들은 그 내부를 분석적으로 따져보면 그렇지 않은 경우가 태반이고, 또 그렇다 하더라도 전혀 다른 이유에서 그런 결과가 도출된 경우가 허다하다. 이 책은 바로 이러한 우리의 간과, 무지, 오해에 경종을 울리고 있다.

이런 맥락에서 보건대, 우리나라에서도 이공계 대학 입시에 과학 논술이 도입된 것은 그나마 다행이다. 과거 사지선다형이나 단순 계산을 바탕으로 한 문제들은, 그저 F=ma 또는 v=v0+at 등 공식을 암기하고, 거기에 수치를 대입해 답을 얻는 것이 고작이었다. 그러나 이러한 문제들로는 결코 학생들이 제대로 자연현상을 이해하고 있는지를 판단할 수 없다. 학생들은 특히 이러한 문제들을 풀기 위해 무작정 많은 공식을 암기하려 들고, 이 때문에 물리학은 매우 재미없는 과목이 되어버리기 일쑤였다. 많은 고등학생들이 가장 기피하는 과목으로 물리를 꼽는 현실도 다 여기에서 연유한 것이 아닌가 싶다. 따라서 과학 논술의 도입은 자연현상에 대한 관찰과 이해, 사고의 확장이라는 면에서 학생들에게도 좋은 일이 아닐 수 없다(계산 문제만 집중적으로 연마한 우리 학생들에게는 곤혹스러운 일일지도 모르겠지만). 사실 한 자연현상에 대해 원인과 과정, 그 예상되는 결과를 잘 설명할 수 있는 학생은 그 현상의 수식적인 기술(이것이 물리학이다)에서도 쉽게 오류를 범하지 않는다.

이 책은 수식을 쓰지 않아 쉬워 보일지 모르나, 사실은 그렇지 않다. 수식을 긴 문장으로 풀어쓰다 보니, 오히려 글을 읽고도 왜 그런지 갸우뚱할 때가 있다. 이럴 때는 간단한 수식이 오히려 더 쉬워 보인다. 그래서 수식이나 계산을 주해에 넣거나, 그림 박스로 처리해 독자들에게 소개했더라면 하는 아쉬움이 있다. 그렇다 하더라도, 이 책은 여전히 가치가 높다. 주제별로 거의 같은 분량을 할애하고 있는 이 책은 개개인의 독자가 소설처럼 읽어도 좋으나, 몇 명씩 소그룹을 이뤄 주제별로 읽고 토론을 통해 현상을 파악하고, 또 수식으로 검증해보는 세미나 자료로 더 좋을 것 같다.

올 봄 뜻하지 않게 좋은 책을 만나 나름대로 깊은 생각에 잠길 수 있는 시간을 가졌고, 막연히 이미 알고 있다고 생각했던 것들 중 많은 것들을 실제로는 잘못 이해하고 있었음을 깨달았으며, 또 평소 별로 관심을 두지 않았던 우리 주변의 많은 일들 속에서 벌어지고 있는 물리학을 배울 수 있었다. 이런 값진 기회를 마련해주신 김은연 박사와 에코리브르 박재환 대표께 감사드린다.

2008년 4월 24일

박인규

참고문헌

눈꽃

Morphogenesis on ice: The Physics of Snow Crystals, Engineering and Science LXIV, vol. 1, 2001.

원형으로 배열된 암석

M. A. Kessler et B. T. Werner, *Self-Organization of sorted patterned ground*, in *Science*, vol. 299, p. 383, 2003.

E. D. Yershov, *General geocryology*, Cambridge University Press, 1998.

냉각 혼합물

Yves Rocard, *Thermodynamique*, 2e édition, Masson, Paris, 1967.

냉기에서 나온 열기

J. Taine et J.-P. Petit, *Transferts thermiques*, Dunod, Paris, 1993.

물과 불

Paul Grimwood, *Tactical flow rates for interior fire-fighting*, téléchargeable sur: http://www.firetactics.com http://www.flashover.fr

검은색 옷을 입는 베두인족

A. Shkolink, C. R. Taylor, V. Finch et A. Borut, *Why do Bedouins wear black robes in hot deserts?* in *Nature*, vol. 283, pp. 373-374, 1980.

광압

K. Aoki et collaborateurs, *A rarefied gas flow caused by a dicontinuous wall temperature*, in *Physics of*

Fluids, vol. 13, n° 9, pp. 2645-2661, 2001.
Voiles solaires: http://www.solarsail.org
Expériences de Lightcraft: http://www.lightcrafttechnologies.com

편광 오징어
T. W. Cronin et collaborateurs, *Polarization vision and its role in biological signaling*, in *Integr. Comp. Biology*, vol. 43, pp. 549-558, 2003.
R. Wehner, *Polarization vision - a uniform sensory cpacity?* in *Journal of Experimental Biology*, vol. 204, pp. 2589-2596, 2001.

거울 효과
Eugene Hecht, *Optics*, 4e édition, Addison-Wesley, Bonn, 2002.
Paul Combes, *Micro-ondes*, Dunod, Paris, 1997.

선별 반사
S. Berthier, *Iridescences: les couleurs physiques des insectes*, Springer-Verlag, Heidelberg, 2003.
A. R. Parker, *515 millions years of structural colour*, in *Journal of Optics A*, vol. 2, pp. 515-R28, 2000.

파속과 광속
O. Solgaard, F. S. A. Sandejas et D. M. Bloom, *Defor-mable grating optical modulator*, in *Optics Letters*, vol. 17, pp. 688-690, 1992.

테라헤르츠선 촬영 때 부끄러워하지 마라!
J. M. Chamberlain, *Where optics meets electronics: recent progress in decreasing the terahertz gap*, in *Philosophical Transactions: Math, Phys. & Eng. Sciences*, vol. 362, n° 1815, pp. 199-213, 2004.
P. H. *Siegel, Terahertz technology*, in *IEEE Trans. on Microwave Technology and Technics*, vol. 50, pp. 910-928, 2002.

형태가 유지되는 파
N. Sugimoto et collaborateurs, *Verification of acoustic solitary waves*, in *Journal of Fluid Mechanics*, vol. 504, pp. 271-299, 2004.
M. Remoissenet, *Waves called solitions*, 3e édition corrigée, Springer, Heidelberg, 2003.

지진파와 모호면

A. Sommerfeld, *Mechanics of deformable bodies*, Academic Press, New York, 1950.

Richard Feynman, *Le cours de physique de Feynman*, in *Mécanique*, vol. 2, 2ᵉ édition, InterÉditions, Paris, 1979.

자기 기억 암석

E. du Trémolet de Lacheisserie, *Magnétisme I et II*, Grenoble Sciences, 2000.

자기 방호판

Jean-Loup Delcroix et Abraham Bers, *Physique des plasmas*, Collection Savoirs actuels, EDP Sciences/ CNRS Éditions, Paris, 1994.

Martin Walt, *Introduction to geomagnetically trapped radiation*, Cambridge University Press, 1994.

집 안에서 일어나는 방전

C. Guerret-Piecourt et collaborateurs, *Electrical charges and tribology of insulating materials*, in *Comptes Rendus de l'Académie des Sciences de Paris*, série IV, vol. 2, n° 5, pp. 761-774, 2001.

D. M. Pai et B. E. Springett, *Physics of electrophotography*, in *Reviews of Modern Physics*, vol. 65, n° 1, pp. 163-211, 1993.

W. R. Harper, *Contact and frictionnal electrification*, Clarendon Press, Oxford, 1967.

터키 커피를 원심 분리하라!

É. Guyon, J.-P. Hulin et L. Petit, *Hydrodynamique physique*, Collection Savoirs Actuels, EDP Sciences/ CNRS Éditions, Paris, 2001.

A. Bouyssy et collaborateurs, *Physique pour les sciences de la vie*, Belin, Paris, 1987 et 1988.

하늘을 수놓은 300개의 불꽃

John Conkling, *Les feux d'artifice*, Dossier *La Couleur*, Pour la Science, avril 2000.

접착력

K. Autumn et collaborateurs, *Evidence for Van der Waals adhesion in gecko setae*, in *Proceedings of the National Academy of Sciences*, vol. 99, 12252-12256, 2002.

Jacob Israelachvili, *Intermolecular and surface forces*, Academic Press, New York, 1992.

수분 흡착기

F. Buchholz, *Journal of chemical education*, vol. 73, p. 512, 1996.

P.-G. de Gennes, F. Brochard-Wyard et D. Quéré, *Gouttes, bulles, perles et ondes*, 2nd édition, Belin, Paris 2005.

젖은 모래성

Jacques Duran, *Sables émouvants*, Belin-Pour la Science, Paris, 2003.

Thomas C. Hasley et Alex J. Levine, *How sandcastles fall, in Physical Review Letters*, vol. 80, n° 14, pp. 3141-3144, 1998.

다시 튀어 오르거나 깨지거나!

C. Lemaignan, *La rupture des matériaux*, EDP Sciences, Paris, 2003.

W. Goldsmith, *Impact: the theory and physical beha-viour of colliding solids*, Arnold, Londres, 1960.

완벽한 고정

Jacques Duran, *Sables, poudres et grains: introduction à la physique des milieux granulaires*, Eyrolles Sciences, Paris, 1997.

J. L. Meriam et L. G. Kraige, *Mécanique de l'ingénieur: Statique, Vuibert*, Paris, 1995.

바이올린과 경첩

D. E. Hall, *Musical acoustics*, Brooks/Cole Publishing Company, Pacific Grove, 1990.

F. Heslot et collaborateurs, *Creep, stick-slip, and dry friction dynamics: experiments and a heuristic model*, in *Physical Review*, vol. E49, p. 4973, 1994.

보조보조의 원리

G. David Scott, *Control of the rotor on the natched stick*, in *American Journal of Physics*, vol. 24, p. 465, 1956.

위아래가 뒤바뀐 추의 수수께끼

Eugene I. Butikov, *On the dynamic stabilization of an inverted pendulum*, in *American Journal of Physics*, vol. 69, p. 755, 2001.

Gordon J. VanDallen, *The driven pendulum at arbitrary drive angles*, in http://fr.arxiv.org/abs/physics/0211047.

이제 돌을 이용한 에너지 시대가 온다

David Jones, *The further inventions of Daedalus*, Oxford University Press, 2000.

물수제비뜨는 기술

Lyderic Bocquet, *The physics of stone skipping*, in *American Journal of Physics*, vol. 71, p. 150, 2003. Disponible sur internet à: http://fr.arxiv.org/abs/ physics/0210015.

유속의 차이

W. H. Graf et M. S. Altinakar, *Hydraulique fluviale*, Presses polytechniques et universitaires romandes, Lausanne, 2000.

물고기의 영법

M. Sfakiotakis, D. M. Lane et J. C. Davies, *Review of fish swimming modes for aquatic locomotion*, in *IEEE Journal of oceanic engineering*, vol. 24, p. 27, 1999.

S. F. Manning, *How to scull a boat*, in *Wooden Boat*, 1991.

자전거의 균형

J. Fajansa, *Steering in bicycles and motorcycles*, in *American Journal of Physics*, vol. 68. p. 654, 2000.

D. E. H. Jones, *The stability of the bicycle*, in *Physics Today*, vol. 23, p. 34, 1970.

인간의 힘으로 작동하는 헬리콥터

Steven Vogel, *Life in moving fluids*, Princeton University Press, 1994.

Robert Dudley et Peng Chai, *Animal flight mechanics in physically variable gas mixtures*, in *Journal of Experimental Biology*, vol. 199, p. 1881, 1996.

더 빨리 더 높이 더 힘차게

Sous la direction de A. Armenti, *The physics of sports*, American Institute of Physics, New York, 1992.

경이로운 활쏘기 기술

M. Denny, *Bow and catapult internal dynamics*, in *European Journal of Physics*, vol. 24, pp, 367-378, 2003.

B. W. Kooi, *On the mechanics of the bow and arrow*, thèse de doctorat, Université de Groningue, Pays-Bas, 1983.

화살을 따라가보자

B. W. Kooi, *The archer's paradox and modelling, a review*, in *History of Technology*, vol. 20, pp. 125-137, 1998.

Les articles de B. Kooi sont téléchageables à: http://www.bio.vu.nl/thb/users/kooi/

Des séquences vidéo figurent sur http://www.ide-teknik.com/eindex.htm

회전력이 강한 공의 기술

John Wesson, *La science du football*, Belin-Pour la Science, Paris, 2004.